原国家中医药管理局于生龙副局长和本书主编郭卫军合影

原国家中医药管理局副局长于生龙、中国保健协会副理事长秘书长徐华锋、中国保健协会科普教育分会副会长兼秘书长于菁和本书编委会成员合影

本书主编高俊全、郭卫军合影

中国保健协会科普教育分会全民健康生活方式抗氧化推广活动

全民健康生活方式科普丛书

虾青素
——健康新世纪的奥秘

主　　编　高俊全　郭卫军

副 主 编　王跃飞　徐　博

　　　　　董国成　张勋力

组织编写　中国保健协会科普教育分会

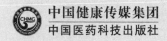

中国健康传媒集团

中国医药科技出版社

内容提要

　　本书是全民健康生活方式科普丛书之一，是中国保健协会组织众多健康科普专家精心编撰而成，内容涵盖了人们日常生活方式的各个方面，全书以通俗易懂的语言阐述了人体的健康机理和应该遵循的有利于健康的生活方式，重点介绍了虾青素的营养健康信息、虾青素的广谱保健功效、虾青素的来源及制剂等内容。

　　本书适合研究虾青素科技发展的科学工作者，传播天然虾青素健康知识的工作者以及普通大众阅读使用。

图书在版编目（CIP）数据

　　虾青素：健康新世纪的奥秘/高俊全，郭卫军主编．—北京：中国医药科技出版社，2013.7

　　（全民健康生活方式科普丛书）

　　ISBN 978 – 7 – 5067 – 6240 – 3

　　Ⅰ．①虾…　Ⅱ．①高…　②郭…　Ⅲ．①虾青素 – 基本知识　Ⅳ．①Q586

　　中国版本图书馆 CIP 数据核字（2013）第 124880 号

美术编辑　陈君杞
版式设计　郭小平

出版　**中国健康传媒集团**│中国医药科技出版社
地址　北京市海淀区文慧园北路甲 22 号
邮编　100082
电话　发行：010 – 62227427　邮购：010 – 62236938
网址　www.cmstp.com
规格　710 × 1020mm ¹⁄₁₆
印张　7 ½
字数　98 千字
版次　2013 年 7 月第 1 版
印次　2020 年 5 月第 6 次印刷
印刷　三河市国英印务有限公司
经销　全国各地新华书店
书号　ISBN 978 – 7 – 5067 – 6240 – 3
定价　**25.00 元**

丛书编委会

主　任　张凤楼

副主任　徐华锋

主　编　于　菁

编　委　（按姓氏笔画排序）

　　　　王　中　牛忠俊　吴大真

　　　　周邦勇　贾亚光

主　审　李　萍

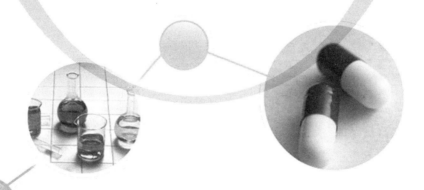

编写说明

　　此书所包含的信息仅用于健康科普教育，而不是医学专业建议，有关医疗方面的问题应该咨询专业医务人士。本书所含内容无意于诊断、治疗任何疾病。

　　谨以此书献给为研究虾青素科技发展的科学工作者以及推荐天然虾青素的营养健康教育人士，同时也希望此书能够为广大读者提供有关与虾青素相关的营养健康信息。在此向相关研究、生产虾青素产品的机构和企业表示感谢，向传播虾青素健康知识的工作者致敬！

编　者

2013 年 5 月

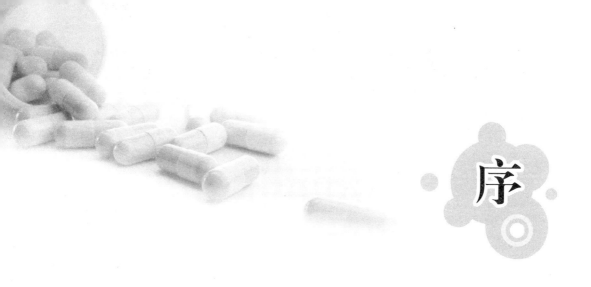

序

　　由中国保健协会组织编写的全民健康生活方式科普丛书是中国保健协会为贯彻落实卫生部《全国健康教育与健康促进工作规划纲要》、《全国公民健康素养促进工作方案（2008～2010年》以及"关于开展全民健康生活方式行动的通知"精神的一项重要举措，也是协会实施"服务政府、服务企业、服务消费者"的宗旨，不断提高为大众服务的能力，推进保健产业健康成长的一项重要工作。

　　在全面建设小康社会的过程中，我国人民的健康水平明显提高，精神面貌焕然一新。然而，社会发展和经济进步在带给人们丰富物质享受的同时，也在改变着人们的饮食起居和生活习惯。不良生活方式引发的疾病已经成为影响我国人民健康素质的大敌。为贯彻落实上述《纲要》、《方案》和《通知》精神，积极响应原卫生部疾病预防控制局、全国爱国卫生运动委员会办公室与中国疾病预防控制中心共同发起的，以"和谐我生活，健康中国人"为主题的全民健康生活方式行动，中国保健协会决定在保健行业开展全民健康生活方式系列活动，组织各分支、代表机构、会员单位、全国保健协会联席单位等保健行业内的企事业单位，利用各自的优势，开展不同形式的活动，旨在积极倡导健康生活方式、传播科学保健知识，为实现卫生部提出的"提高全民健康意识和健康生活方式的行为能力创造长期可持续的支持环境。提高全民综合素养，促进人与社会和谐发展"的目标共同努力。

　　健康是福，但是有相当的人难以享受到健康带来的幸福与和谐。这些人群中有很大一部分缘于健康知识的匮乏，由于不懂得健康知识，亚健康的人因生活方式的放纵转变成疾病患者；由于不懂得健康知识，原本可以治愈的疾病因延误治疗而造成残疾或死亡甚至因病返贫。由此可见，没有健康知识的普及就没有真正健康的中国人。全民健康生活方式倡议书中指出："追求健康，学习健康，管理健康，把健康投资作为最大回报。"而实现这一举措的前提和基础就是健康知识的普及。

长期以来，我们的健康科普工作存在着一个误区。一方面，健康教育存在着缺少用群众容易理解和接受的通俗语言，去阐述健康知识的问题。另一方面，健康领域的个别企业为了商业利益利用健康教育以各种方式向消费者宣传以其产品为核心的带有片面性的健康理念，影响健康教育的效果，这样就形成了一种现象，那就是广大民众渴求健康却得不到正确有效的健康教育。同时也造成了一种需求，那就是全社会呼唤健康科普教育，而这套《全民健康生活方式科普丛书》及时地满足了社会的健康需求。

《全民健康生活方式科普丛书》是中国保健协会组织众多健康科普专家精心编撰而成，内容涵盖了人们日常生活方式的各个方面。这套丛书最大的特点就是站在科学的角度，以通俗易懂的语言阐述人体的健康机理和应该遵循的有利于健康的生活方式。致力于向民众宣传正确的健康理念，提高他们的健康意识，指导他们进行科学的健康管理和健康投资，进而提升整个中华民族的健康形象。作为健康产业的从业人员，也可以从中汲取适应消费者需求的健康知识，生产和销售具有市场前景的健康产品，满足群众对健康的需求。

中国保健协会作为保健行业的社团组织，以编写《全民健康生活方式科普丛书》为契机，开展形式多样的科普教育活动，目的是为了树立保健行业积极健康的社会形象，弘扬行业的社会职责，引领行业企业诚信经营，健康发展。真诚地希望这套丛书能够唤起民众尊重科学、关注健康的意识，以积极健康的生活方式，实现自己的健康需求，塑造健康、向上的国民形象。

中国保健协会理事长　张凤楼

2013 年 5 月

　　进入 21 世纪，和平与发展成为当今世界的主旋律。医疗、卫生、人类生存环境和人类寿命问题成为当今世界各国最为关心，也是投入人力、物力、财力最多、最大的部分。

　　近 20 年来，世界经济飞速发展，各国医疗、卫生、人类居住、生存环境都得到了明显的改善，世界人口平均寿命也有了明显的提高。人类对生命的延续和健康的追求就显得尤为突出。诸多老年性疾病、慢性疾病随着社会的发展和经济的发展而"与时俱进"，呈急速增长之态势，成为生活品质下降、人口死亡最为主要的因素。特别是老年性眼病、心脑血管疾病、糖尿病、癌症等重危疾病始终威胁着人们的生命安全。

　　经济发展了，人们的生活条件好了；生存环境改善了，人们的体质增强了；科技发展了，医疗卫生条件更完善了，可为什么患慢性疾病的人群增多了，比例增大了？有些专家学者把它归结为生活节奏的加快，生存、工作压力过大，不良生活习惯使然；还有些把它用基因、病毒、体质、身体机能等问题进行解释。

　　世间万物的发展都有着它必然的客观规律，也有着相互的联系和共性，慢性疾病也是同样。我们不难发现，很多疾病都是相互联系、相互关联的。经世界各国研究，不约而同发现一个共同的问题，那就是很多慢性疾病都和"过氧化"密切相关。这也就很好地解释了为什么很多慢性疾病之间的相互影响、相互关联，也是对生物遗传学和多种慢性疾病理论的有力补充。

　　那么，什么是"过氧化"呢？

　　氧化对生命非常重要，是人体必需的，离开氧化就不会有生命。但氧化绝对不能过度，过度氧化会引起多分子的改变，导致生理紊乱，乃至于发生疾病。人们发现苹果去皮后很快发黄、铁锅一晚即会生锈，这就是氧化。氧化不仅速度快，而且破坏能力非同一般。

　　我们摄入已氧化的食物，会促进我们体内的过氧化反应而引起疾病；我们呼吸或饮用含有活泼不稳元素，会引起机体内的分子发生电子转移；如果我们遭受辐射，会使机体分子发生解体或重组，导致细胞死亡或基因突变；如果我们产生较强应激或有过重的精神压力，机体内氧化酶会突然激活，引起氧代谢爆发，伤害身体……

　　脸上色素的沉淀、色斑形成；甘油三酯氧化引起血管硬化、心肌梗死、脑梗死；射线导致基因变异，形成肿痛、息肉、肌瘤；四氧嘧啶氧化损伤胰岛 B 细胞形成糖尿病……，这些都是过度氧化引起的严重后果。我们要想真正地健康长寿、要想使疾病治好不再复发，就必须在提高自身的抗氧化能力的同时，减少各种有害因素对身体造成的过氧化损伤。

　　21 世纪将是抗氧化剂的世纪。虾青素的推出是抗氧化剂市场领域的一场新革命，甚至有人说：21 世纪将是虾青素的世纪。天然藻源的虾青素及其提取物在欧美、日本等发达国家已经得到广泛应用。中国知道虾青素的人还很少，目前还只是科学界和时尚美容界少数人知晓。哈佛大学的研究人员研究发现，Astaxanthin（虾青素）这种天然类胡萝卜素成分极具潜力，将成为新型"抗氧化/消炎"制剂，有望在他汀类和抗血小板药之后掀起第三次预防性药物的浪潮。

　　虾青素对人体的益处数不胜数，作为世界人口第一大国的中国，无论是政府相关单位，各种健康类学会、协会，还是医院和从事虾青素相关研究的大专院校及生产、销售企业，都有必要对虾青素进行广泛的宣传和普及。

编　者

2013 年 5 月

目 录
Contents

第一章
"氧" 对生命的意义

蛋白质、多糖类及高分子脂类在什么特定的条件之下产生的生命，我们现在不得而知。但目前除了少数厌氧菌，其他的绝大多数生命都离不开"氧"。"氧"对地球的生命而言，不可或缺。

"氧"在人体不可或缺

氧是人体不可缺少的"养生之气"；是机体功能活动所需能量来源的重要物质基础，是机体新陈代谢启动机制的关键之一。人体新陈代谢过程当中必须有足够的氧，各种营养物质必须同氧结合，才能完成生理氧化过程，产生出能量，所以氧是人体新陈代谢活动关键物质，是人体生命运动的第一需要。

氧气为无色无味的气体，是维持生命最重要的能源。同食物和水一样，氧是人体健康最根本的要素之一。人每分每秒都在呼吸，吸入氧气，呼出二氧化碳。正是这样一呼一吸的吐故纳新，使人体获得生命能源。食物、水、空气是人体三大物质基础。事实证明，一般人体在能充分获得氧气的前提下，不食可维持生命7日左右，不食不饮，可维持3日左右；但在不能获得氧气的情况下，尽管饮食不缺，却只能维持数分钟。"人活一口气"，确定了氧在生命能源中的第一位置。

氧气在人体里的作用相当于助燃一样。人体中的葡萄糖通过氧化"无火燃烧"，转化为二氧化碳、水和能量，供人体运动、思考和其他的新陈代谢使用。

氧是维持肌体免疫功能活力的关键物质。人在得到充足的氧的情况下，吃进的营养物质经过氧化，才会被细胞利用，转化成能量，供给各个器官组织，才能保证免疫系统正常工作。

人缺氧，各器官的功能和免疫力就会下降，就会使人体对病毒的抵御能力下降。人体每分钟耗氧量在0.25~0.30L，其中大脑耗氧占25%左右，

心脏耗氧占 15% 以上，一旦缺氧，首受其害的是大脑和心脏。

呼吸的氧转化为人体内可利用的氧，称为血氧。血液携带血氧向全身输入能源，血氧的输送量与心脏、大脑的工作状态密切相关。心脏泵血能力越强，血氧的含量就越高；心脏冠状动脉的输血能力越强，血氧输送到心脑及全身的浓度就越高，人体重要器官的运行状态就越好。

氧在人体中的作用

1. 大脑与氧

大脑是支配人体的中枢，为了使约 145 亿个的脑细胞正常进行活动，需要大量的氧。肌肉的耗氧量在活动时和静止时有很大差异，而大脑却始终需要大量的氧。为应对大脑对氧的需要，每天有大量的血液在大脑中循环，即一日约 2000L，相当于 10 个大号油桶的量，接近人体总血液量的 400 倍。若氧不足，立即引起大脑功能的重大障碍；若氧供应中断，大脑的活动立即停止，持续 30 秒钟时，大脑细胞开始被破坏，而持续 2~3min 时，将发生大脑细胞不可再生的危险。经常听到的植物人是大脑细胞的破坏进行至大脑皮质的人，而破坏进一步进行，到达骨髓时则造成脑死亡，大脑耗氧量占人体总耗氧量的 20%。

2. 肺与氧

一个正常成人稳定时的呼吸量是 1 次 450~500ml，其中氧的吸取量占 20%。肺内部通常保持不流动的（功能性残气量）3000ml 空气，从周围环境的急剧变化中守护人体是它的作用，也可以说是行使一种安全保障功能。人体内的血液在心脏的推动下，每 2~3min 通过肺泡周围的微血管，周转到身体各个部位。完全用过的、呈黑蓝色的血液回到肺中，接触新鲜的空气，把载来的碳酸气体卸下来，并重新吸收氧，再生为新鲜的、鲜红的血液。体内的所有细胞都需要能量以完成其特定的任务。利用细胞小器官（把葡萄糖或者脂肪酸氧化，转换成能量的地方）把我们吃喝的东西与氧相结合并产生能量，提供给肌肉，使用其启动身体各个功能。人体以氧换取能量的过程中产生碳酸气体，如果不及时把它排除掉，将影响心脏或其他重要脏器的正常活动。为此，肺连续性地提供氧，并把碳酸气体排向心脏或其他器官，防止血液的酸化，我们把这一过程叫气体交换。通过气体交换，我们可以消除疲劳，储备新的活力。成人最佳呼吸量是：男性为500ml，女性为450ml。

3. 心肺功能与氧

如果不把氧不停地送往身体的每个角落的细胞，人无法生存下去。担当这一重要职责的就是心脏和肺。左右肺上约有 7 亿个肺泡，经它输往血液中的氧，再经心脏的泵作用输往体内各个器官组织。心脏只要活着，就不停地工作，连睡眠状态下也不例外。按人的脉搏每分钟搏动 70 次计算，一日约搏动 10 万次，80 年约搏动 30 亿次。惊奇的是，心脏的能源只有从冠状动脉供应的氧。有效的血液传输是心肺功能的基本任务，但是大部分现代人的血液因运动量不足和不适当饮食习惯，被酸化、黏性化了。含有胆固醇的血液附着在血管内壁，妨碍血液的流动，成为一切成人病的根源。但通过氧的供应，能有效恢复衰弱的心肺功能。

4. 血液与氧

把血管比喻为铁路的话，血液就是火车，输送的物质有氧、养分、荷尔蒙、免疫体、中间代谢物、排泄物等，其黏度是水黏度的约 5 倍。人体血液的总重量是体重的十三分之一。其中红血球直径为 7.7μm，圆盘形，$1cm^2$ 能容纳 13000 个。在 $1mm^3$ 的血液中的红血球数量是，男子约 500 万个，女子约 450 万个。红血球造血后 100～120 天就将死亡，变为垃圾，通过脏器排出体外。在 $1mm^3$ 的血液中有 6000 余个白血球，其寿命为十天左右，就算是同一个人的白血球，因条件不同而相异。例如，在下午或者在肌肉劳动或者在饭后形成得多；被细菌感染或者妊娠、分娩时也增多。就这样，白血球根据身体状态变化增减其数量，消灭细菌，充当着人体保镖的角色。血液中氧的增加，意味着搬运氧的红血球增加，即血液量增加。这时，大量的血液在血管中流动，冲洗掉附着在血管内壁的胆固醇等不纯物质。由此，不仅血液本身得到净化，人也跟着感受到身体的轻盈，如获新生般的喜悦。

5. 皮肤和氧

说到呼吸，一般联想到鼻子和嘴，但是我们的皮肤也在呼吸，即在皮肤组织内燃烧糖，把它分解成二氧化碳和水，与此同时通过汗孔与外界空气进行交换。通过皮肤呼吸，散发皮肤热，排泄有害物质（皮肤毒素），蒸发水分等进行很重要的活动。虽然皮肤呼吸量仅是肺呼吸量的 1%，但是只要皮肤呼吸停止 40min 就会导致死亡。当人体皮肤的一半以上面积烧伤时，人会有生命危险。这是因为：此时人体的皮肤呼吸作用和体温调节作用陷入了瘫痪状态。人体内的水分和油分通过皮肤表层的汗腺和表皮皮脂腺不断地排出体外，即把人体内不必要的排泄物一点点地排出。而对皮肤来说，以呼吸的形式不停地排出碳酸气体。新鲜的氧使人体每个角落细胞的代谢活动的进行更加活跃，促进体内一氧化碳、二氧化碳和其他不纯物质的排泄，调节身体的一切功能。因此，充足的氧供应将活跃皮肤的血液循环，使皮肤健康，并富有弹性。晚间是恢复皮肤的最重要时间。在细胞再生的期间，皮肤需要充分的营养素，尤其是氧。因此，睡眠时充分呼吸新鲜的氧是一件非常重要的事情。

脂肪团是脂肪与体内的水分、排泄物混合而成的海绵状物质，使皮肤表面凹凸不平。85% 的女性身上都有脂肪团，其消除的有效方法中有按摩和提供氧。按摩直接刺激淋巴腺，把脂肪块打碎，使皮肤表面凹凸部分柔和平滑，而氧的充分供应使体内碳酸气体的排出更加活跃，并使血红蛋白的活动旺盛，减少脂肪团。

第二章
过氧化与人体疾病

氧在人体内必不可少，然而过多的氧却会对人体造成不可挽回的损伤，引起多种慢性疾病，甚至产生急性氧中毒导致生命危险。这就是我们平常所说的过氧化损伤。

　　早在 19 世纪中叶，英国科学家保尔·伯特首先发现，如果让动物呼吸纯氧会引起中毒，人类也同样。人如果在大于 0.05MPa（半个大气压）的纯氧环境中，对所有的细胞都有毒害作用，吸入时间过长，就可能发生"氧中毒"（氧中毒是 1878 年西医提出的病名，是一种很难抢救的医源性疾病）。肺部毛细管屏障被破坏，导致肺水肿、肺淤血和出血，严重影响呼吸功能，进而使各脏器缺氧而发生损害。在 0.1MPa（1 个大气压）的纯氧环境中，人只能存活 24 小时，就会发生肺炎，最终导致呼吸衰竭、窒息而死。人在 0.2MPa（2 个大气压）高压纯氧环境中，最多可停留 1.5 ~ 2 小时，超过了会引起脑中毒，生命节奏紊乱，精神错乱，记忆丧失。如加入 0.3MPa（3 个大气压）甚至更高的氧，人会在数分钟内发生脑细胞变性坏死，抽搐昏迷，导致死亡。

　　总而言之，人体各器官组织均不能承受过多的氧，因为氧本身不靠酶催化就能与不饱和脂肪酸反应，并能破坏贮存这些酸的磷脂，而磷脂又是构成细胞生物膜的主要成分，从而最终造成细胞死亡，这个过程叫做脂质过氧化。此外，氧对细胞的破坏还在于它可产生自由基，诱发癌症。

　　此外，过量吸氧还会促进生命衰老。进入人体的氧与细胞中的氧化酶发生反应，可生成过氧化氢，进而变成脂褐素。这种脂褐素是加速细胞衰老的有害物质，它堆积在心肌，使心肌细胞老化，心功能减退；堆积在血管壁上，造成血管老化和硬化；堆积在肝脏，削弱肝功能；堆积在大脑，引起智力下降，记忆力衰退，人变得痴呆；堆积在皮肤上，形成老年斑。

氧化导致疾病

氧能导致疾病？听起来不可思议，但事实就是如此。

氧的化学特性很活泼，也很危险，在正常的生物化学反应中，氧会变得很不稳定，能够"氧化"邻近的分子，使得物质发生性质的改变，比如：切开的苹果会很短时间就出现棕褐色，铁会生锈，等等。在人体内，过度的氧化会引起细胞损伤，从而导致癌症、发炎、动脉损伤以及衰老。

氧化对生物体的损害主要表现在对脂质、蛋白质和核酸的破坏。脂质因自由基的链式反应受到破坏，导致生物膜结构功能发生改变；蛋白质对氧化也是很敏感的，尤其是其中的含硫氨基酸；DNA 分子中的碱基和戊糖都是易氧化的位置，氧化可导致 DNA 断裂、碱基降解和与蛋白质交联，使得遗传物质发生变异或导致细胞死亡。

过氧化是诱发多种慢性疾病的重要原因，肿瘤，糖尿病及其并发症、血管硬化、心脑血管疾病、肾病、辐射损伤、免疫性疾病等等，都与其密切相关。抗氧化，实际上就是多种疾病的治疗、预防、康复良好有效的手段。

导致过氧化的三种主要物质形式

过氧化，实际上只是一种笼统、概括的说法，它对人体的损害主要有三个方面：氧自由基、单线态氧和过氧化物。

氧自由基是人体的代谢产物，可以造成生物膜系统损伤以及细胞内氧化磷酸化障碍，是人体疾病、衰老和死亡的直接参与者，对人体的健康危害非常之大。

我们知道，细胞经呼吸获取氧，其中98%与细胞器内的葡萄糖和脂肪相结合，转化为能量，满足细胞活动的需要，另外2%的氧则转化成氧自由基。由于这种物质非常活跃，几乎可以与任何物质发生作用，引起一系列对细胞具有破坏性的连锁反应。

我们日常呼吸的氧为基态氧，它有两个未配对电子，是一种二价自由基。分子外层电子对平行旋转的称为三重态，反平行旋转的称为单线态；

基态氧为三重态，其反应活性较低，三重态氧获得能量可转化为单线态氧，后者处于激发态；化学性质活泼，单线态氧是正常代谢产生的。三重态氧接受一个电子可转为较为活泼的还原态，称为过氧化物，过氧化物也是一种自由基，过氧化物既可作为氧化剂又能作为还原剂。过氧化物在生物体内的反应活性较低，它本身对生物体的氧化损害不大。同样，过氧化物也参与正常的生命活动如抵御微生物、作为信号分子调节细胞活动等。在生物体内，过氧化物的主要反应是与自身反应产生过氧化氢和氧，这一反应称为过氧化物歧化反应，它可自发进行，也可在超氧化物歧化酶（SOD）的催化下进行，过氧化氢进一步形成反应活性很高的氢氧自由基（HO）；过氧化物还可与一氧化氮（NO）反应生成活泼的过氧硝酸盐（OONO⁻）。

人体内，单线态氧和过氧化物一般也呈现为游离自由基状态，所以我们一般也把它们归结为氧自由基的一类。这也是为什么大家知道抗氧化、消除氧自由基损伤的说法比较多，而很少听多消除单线态氧和过氧化物的说法。

氧自由基的产生

在我们这个由原子组成的世界中有一个特别的法则，这就是：只要有两个以上的原子组合在一起，它的外围电子就一定要配对，如果不配对，它们就要去寻找另一个电子，使自己变得稳定。这种有着不配对电子的原子或分子就叫自由基。

自由基是一种非常活跃、非常不安分的物质。当一个稳定的原子的原有结构被外力打破，而导致这个原子缺少了一个电子时，自由基就产生了。于是它就会马上去寻找能与自己结合的另一半。它很活泼，很容易与其他物质发生化学反应。当它在与其他物质结合的过程中得到或失去一个电子时，就会恢复平衡，变成稳定结构。

自由基是具有未配对电子的分子（用 A 表示），有些自由基非常稳定，如：二价自由基 O_2，但大多数自由基很不稳定，很活泼。通常，自由基需要从其他分子获得电子以便使其未配对电子配对，如果自由基从其他分子获得电子。那么，被夺取电子的分子也成为自由基（A● + B：→A： + B●），并引起一连串的链式反应（B● + C：→B： + C●）。如果自由基与另一自由基共用电子对，链式反应终止（AI● + BI●→A：B）。

产生自由基有很多不同的原因，普通的肌体生理过程如消化和呼吸产生的自由基都很少。免疫系统作用会产生自由基，运动锻炼也能产生自由基；这些都是正常的。

但是还有一个更重要的原因就是：由于生活方式和环境的不同，我们体内产生和吸收的自由基数量比我们祖先多得多。

毫无疑问，生活在21世纪的人要比一百多年前的人担负着更大的压力，当我们承受压力时就会产生大量的自由基。今天普遍忙乱、紧张的生活方式导致了我们体内的自由基量高到了我们祖辈不可想象的程度。因此，我们体内所产生的抗氧化剂量加上健康饮食中摄取的抗氧化剂量都不足以对抗当今大多数人体内由于压力而产生的自由基。这就是为什么大多数营养专家都推荐我们在膳食中补充抗氧化剂——为我们紧张的生活加强保护。

当今，人们体内自由基数量不断增加的另一个原因是几代人之前不存在的污染问题，现在却变得非常严峻。不同的污染物质如化工产品、汽车尾气、烟尘甚至是烧烤食品都含有大量的自由基。

日光暴晒是自由基形成、日益增加的另一个原因。太阳的光线可以形成大量自由基进而导致皮肤癌。这是我们目前担忧的一个主要问题，因为随着污染加重，臭氧层逐渐减少，我们接收到的暴晒的紫外线更强了。

太阳光能迅速破坏细胞，包括黑素瘤在内的皮肤癌正在成指数上升，而这些都和紫外线暴露增强形成自由基有直接的关系。但是抗氧化剂却能很好地保护细胞。随着紫外线照射增强、环境污染的严重和现代生活压力加重，不言而喻。我们再也不能仅靠自身产生的抗氧化剂来保护自己了。即使是最合理的饮食也不能提供足够的抗氧化剂保护我们免予自由基和单线态氧的伤害，因此，补充强效的抗氧化剂对于健康的体质是至关重要的。

运动员和普通大众参加高强度的运动项目时也会产生大量的自由基；

剧烈的训练过程或辛苦的体力劳动都能使身体产生大量的自由基，这是因为身体为了满足能量需求会燃烧更多的能源。所有正在从事训练或体力劳作的人，尤其是在室外光照下都会产生自由基，需要补充抗氧化剂。

造成体内自由基大量生成的因素有几个方面：

（1）组织细胞的新陈代谢过程中大约有2%～3%的氧被酶所催化形成氧自由基。

（2）外界的紫外线和各种辐射。

（3）吸烟、酗酒。

（4）情绪变化、工作压力。

（5）生活不规律，特别是熬夜。

（6）组织器官损伤后的缺血，如心肌梗死、脑血栓、外伤等。

（7）肠道系统异常发酵：肠道系统异常发酵产生人体90%的自由基。

（8）暴饮暴食。

（9）滥服西药。

（10）过量运动。

氧自由基使人衰老

美国医学博士Harman于1956年率先提出自由基与机体衰老和疾病有关，接着在1957年发表了第一篇研究报告，阐述用含0.5%～1%自由基清除剂的饲料喂养小鼠可延长寿命。由于自由基学说能比较清楚地解释机体衰老过程中出现的种种症状，如老年斑、皱纹及免疫力下降等，因此倍受关注，20年后即1976年被西方主流医学所普遍接受。Harman博士并因此于1995年荣获诺贝尔医学奖。

自由基衰老理论的中心内容认为，衰老来自机体正常代谢过程中产生自由基随机而破坏性的作用结果。

由自由基引起机体衰老的主要机制可以概括为以下三个方面：

1. 生命大分子的交联聚合和脂褐素的累积

自由基作用于脂质过氧化反应，氧化终产物丙二醛等会引起蛋白质、核酸等生命大分子的交联聚合，该现象是衰老的一个基本因素。脂褐素

（Lipofuscin）不溶于水故不易被排除，这样就在细胞内大量堆积，在皮肤细胞的堆积，即形成老年斑，这是老年衰老的一种外表象征。胶原蛋白的交联聚合，会使胶原蛋白溶解性下降、弹性降低及水合能力减退，导致老年皮肤失去张力而皱纹增多以及老年骨质再生能力减弱等。脂质的过氧化导致眼球晶状体出现视网膜模糊等病变，诱发出现老年性视力障碍（如眼花、白内障等）。

由于自由基的破坏而引起皮肤衰老，出现皱纹，脂褐素的堆积使皮肤细胞免疫力的下降导致皮肤肿瘤易感性增强，这些都是自由基的破坏。

2. 器官组织细胞的破坏与减少

器官组织细胞的破坏与减少，是机体衰老的症状之一。例如神经元细胞数量的明显减少，是引起老年人感觉与记忆力下降、动作迟钝及智力障碍的又一重要原因。器官组织细胞破坏或减少主要是由于基因突变改变了遗传信息的传递，导致蛋白质与酶的合成错误以及酶活性的降低。这些的积累，造成了器官组织细胞的老化与死亡。生物膜上的不饱和脂肪酸极易受自由基的侵袭发生过氧化反应，氧化作用对衰老有重要的影响，自由基通过对脂质的侵袭加速了细胞的衰老进程。

3. 免疫功能的降低

自由基作用于免疫系统，或作用于淋巴细胞使其受损，引起老年人细胞免疫与体液免疫功能减弱，并使免疫识别力下降出现自身免疫性疾病。所谓自身免疫性疾病，就是免疫系统不仅攻击病原体和异常细胞，同时也侵犯了自身正常的健康组织，将自身组织当作外来异物来攻击。如弥散性硬皮病、溃疡性结肠炎之类的自身免疫性疾病，往往伴有较多的染色体断裂。研究表明，自身免疫病的病变过程与自由基有很大的关系。

氧自由基与疾病

自由基对人体的危害不会像车祸、肿瘤、疼痛、高热等给人以直观的感受，是因为自由基存在于我们的体内，它的危害是从对细胞和组织的损伤开始，这个过程就像往一杯清水中放无色的盐，只有盐放到一定量以后我们才能感觉到咸，如果超出一定的量就会苦。

自由基对细胞和组织损伤是其致病的基础，由于人体是由各种各样不同功能的细胞组成，因而自由基对不同细胞的损伤可导致表面看起来毫无关联的疾病。如：自由基摧毁细胞膜，导致细胞膜发生变性，使得细胞不能从外部吸收营养，也排泄不出细胞内的代谢废物，并丧失了对细菌和病毒的抵御能力；自由基攻击正在复制中的基因，造成基因突变，诱发癌症发生，自由基激活人体免疫系统，使人体表现出过敏反应，如：红斑狼疮等的自身免疫疾病；自由基作用于人体内的酶系统，导致胶原蛋白酶和硬弹性蛋白酶的释放，这些酶作用于皮肤中的胶原蛋白和硬弹性蛋白并使这两种蛋白产生过度交联并降解，结果使皮肤失去弹性，出现皱纹及囊泡；类似的作用使体内毛细血管脆性增加，使血管容易破裂，这可导静脉曲张、水肿等与血管通透性升高有关疾病的发生；自由基侵蚀机体组织，可激发人体释放各种炎症因子，导致出各种非菌性炎症；自由基侵蚀脑细胞，使人得早老性痴呆的疾病；自由基氧化血液中的脂蛋白造成胆固醇向血管壁的沉积，引起心脏病和中风；自由基引起关节膜及关节滑液的降解，从而导致关节炎；自由基侵蚀眼睛晶状体组织引起白内障；自由基侵蚀胰脏细胞引起糖尿病。总之，自由基可破坏胶原蛋白及其他结缔组织，干扰重要的生理过程，引起细胞 DNA 突变。自由基与多种疾病有关，包括心脏病、动脉硬化、静脉炎、关节炎、过敏、早老性痴呆、冠心病及癌症。

以下具体分析几种常见疾病。

1. 自由基与癌症

DNA 和蛋白质的结合物在自由基作用下可以造成多种形式的损伤，诱发肿瘤生成。

长期以来，人们一直致力于对癌变原因不同角度的探索。自从揭示了具有高度活泼性的自由基能引起迅速扩展的连锁反应后，人们把这些性质的快速生长与自由基联系起来，研究癌变诸过程中自由基的参与问题。目前的看法是，不少致癌物必须在体内经过代谢活化，形成自由基并攻击 DNA 才能致癌，而许多抗癌剂也是通过自由基形成去杀死癌细胞。

一个正常细胞发生癌变必须经历诱发和促进两个阶段，这就是两步致癌学说。自然界中的促诱剂种类繁多，巴豆脂、巴豆油，香烟烟雾凝聚物、未燃烧烟草提取物、十二烷基磺酸钠及吐温 60 之类表面活性剂、脂肪酸甲酯、酚类和直链烷烃类等等。

诱发阶段与自由基关系密切。

自由基作用于脂质产生的过氧化产物既能致癌又能致突变，致癌和致突变在分子水平上的机理是相同的。

促癌阶段也与自由基有关，促癌能力与其产生自由基的能力相平行。

在化疗过程中，由于药物的毒性导致细胞内产生大量的自由基，这往往会引起骨髓损伤、白细胞减少、致使化疗减慢、药量减少或被迫停止化疗。若使用自由基清除剂，则可防止骨髓进一步受氧自由基的破坏，加速骨髓和白细胞量的恢复，有利于化疗的继续。可见为了预防癌症和治疗癌症都必须清除自由基。

2. 自由基与心脑血管疾病

氧自由基引起脂质过氧化，导致动脉粥样硬化，这是导致心血管疾病的主要原因。动脉粥状硬化也就是我们通称的动脉硬化，当人体内的胆固醇碰上自由基，就是动脉硬化的开始。胆固醇可以分成好的胆固醇和坏的胆固醇，其中坏的胆固醇称为低密度脂蛋白（low - density lipoproteins），简称 LDL。LDL 很容易被自由基氧化，被氧化的 LDL 经过一连串的变化，就会形成泡沫细胞，这些泡沫细胞长得正像我们吃的粥一样，会附着在我们的血管壁上就像水管里的污垢；经过日积月累，这层粥状的污垢越积越多，体积也越来越大；当这些粥状物累积到一个程度，就会像山崩一样，破裂成碎片与血管脱离，跌进血液里，当血液碰到这些碎片，会凝聚，堆积，阻碍血液的流动，形成血栓。血栓会将血管阻塞，如果发生在供应心脏血管的冠状动脉，就是冠心病；如果发生在脑部，就会造成中风。

换句话说，真正形成动脉粥状硬化的是"被自由基氧化的低密度脂蛋白（LDL）"。细胞膜被氧自由基氧化引起血小板凝集，这是脑血栓、心肌梗死形成的第一步。

3. 自由基与糖尿病

胰脏中的 β 细胞会分泌胰岛素，帮助血液中的葡萄糖进入细胞中，转换成组织运作所需要的能量，或将多余的糖分储藏在肝，肌肉或脂肪细胞中。一旦β细胞被自由基氧化，并受自由基攻击积累到一定量时，β细胞即失去分泌胰岛素的能力形成糖尿病。同时，自由基能促进四氧嘧啶诱发胰岛素依赖型糖尿病。

4. 自由基与缺血后重灌注损伤

缺血所引起的组织损伤是致死性疾病的主要原因，诸如冠状动脉硬化与中风。但有许多证据说明仅仅缺血还不足以导致组织损伤，而是在缺血一段时间后又突然恢复供血（即重灌注）时才出现损伤。缺血组织重灌注时造成的微血管和实质器官的损伤主要是由活性氧自由基引起的，这已在多种器官中得到的证明。在创伤性休克、外科手术、器官移植、烧伤、冻伤和血栓等血液循环障碍时，都会出现缺血后重灌注损伤。

在缺血组织中具有清除自由基的抗氧化酶类合成能力发生障碍，从而加剧了自由基对缺血后重灌注组织的损伤。

5. 自由基与肺气肿

肺气肿的特点是细支气管和肺泡管被破坏、肺泡间隔面积缩小以及血液与肺之间气体交换量减少等，这些病变起因于肺巨噬细胞受到自由基侵袭，释放了蛋白水解酶类（如弹性蛋白酶）而导致对肺组织的损伤破坏。

吸烟很容易引起肺气肿，原因在于香烟烟雾诱导肺部巨噬细胞的集聚与激活，吸烟者肺支气管肺泡洗出液中的嗜中性白细胞内水解蛋白酶活性高于不吸烟者，洗出液中白细胞产生的氧含量也远高于不吸烟者，由此可见，香烟及其他污染物可诱发肺气肿。

6. 自由基与炎症

当有病毒或细菌入侵身体时，白细胞会制造大量的自由基来消灭外来的病菌，但是过量的自由基除了吞噬病毒和细菌外，也进攻白细胞本身造成其大量死亡，结果引起溶酶体酶的大量释放而进一步杀伤或杀死组织细胞，造成骨、软骨的破坏而导致炎症和关节炎。伤害附近的组织细胞，使发炎症状恶化。

由此可见，发炎过程与自由基有密切关系。有科学家认为自由基诱发关节炎的原因在于导致了透明质酸的降解，因为透明质酸是高黏度关节润滑液的主要成分。

7. 自由基与眼病

眼睛是人和动物唯一的光感受器，老年性眼睛衰老（特别是白内障）与自由基反应有关。研究表明，老年人由于全身机体的衰老使得眼球晶状体中自由基清除剂的含量与活性降低，导致对自由基侵害的抵御能力下降。事实表明，白内障的起因和发展与自由基对视网膜的损伤导致晶状体组织的破坏有关。

角膜受自由基侵袭引起内皮细胞破裂，细胞通透性功能出现障碍，引起角膜水肿。自由基会对眼晶状体产生直接的损伤破坏。

8. 自由基与色斑

氧自由基使胶原蛋白和弹性蛋白分解，皮肤松弛，出现皱纹，同时可以氧化皮下不饱和脂肪酸形成类脂褐色素，皮肤出现晒斑、黄褐斑、老年斑等。

9. 自由基与帕金森病

自由基破坏脑部细胞，使得神经传导物质多巴胺（Dopamine）缺乏所造成。多巴胺是和运动有关的神经传导物质，缺乏多巴胺会造成手部不自主颤抖，肌肉麻痹、动作迟缓等临床症状。

氧自由基的其他危害

并不是所有的自由基都是有害的，其实体内必须具备一定量的自由基作为预防、抵御疾病的武器。例如一氧化氮（NO），它是人体自行产生、具有许多功能且相当重要的物质。但是一旦体内自由基的数量超过人体正常防御的范围，就会产生自由基连锁反应：那些较活泼、带有不成对电子的自由基性质不稳定，具有抢夺其他物质的电子，使自己原本不成对的电子变得成对（较稳定）的特性。而被抢走电子的物质也可能变得不稳定，可能再去抢夺其他物质的电子，于是产生一连串的连锁反应，造成这些被抢夺的物质遭到破坏。也就是说，自由基会促使蛋白质、碳水化合物、脂质等细胞基本构成物质，遭受氧化而成为新的自由基，再去氧化别人；不断的恶性循环下，人体的功能因此逐渐损伤败坏，各种疾病就接踵而至。

人体的老化和疾病，也就是从这个时候开始的。

过多的自由基当作坏分子时，它以各种手段对人体进行氧化损害，如：

（1）伤害细胞的遗传因子 DNA。

（2）破坏不饱和脂肪酸，引起脂质过氧化作用。

（3）破坏蛋白质分子、氧化体内酶，干扰其活性。

（4）刺激单核白细胞及巨噬细胞的不正常反应，使它们释放发炎源，引起发炎反应。

（5）攻击人体的牙周组织，分解破骨细胞和骨界面的骨基质。

（6）引起细胞的恶化变形与死亡，造成人体的老化现象。

（7）直接冲击细胞核使基因发生突变而致癌。

（8）对心脏等器官及血管造成伤害。

氧自由基对人体的非细胞结构也造成很大的危害，它使血管壁上的粘合剂遭受破坏，使完整密封的血管变得千疮百孔，发生漏血、渗液，进而导致水肿和紫癜等等。同样，当供应心脏血液的冠状动脉突然发生痉挛的时候，心肌细胞由于缺氧而发生一系列的代谢改变，心肌细胞内抗氧化剂含量减少，使生成氧自由基的化学反应由于缺氧而相对加快，在冠状动脉痉挛消除的一刹那，心肌细胞突然重新得到血液的灌注，随之而来有大量的氧转化成氧自由基，而同时由于抗氧化剂的相对不足，不能够清除氧自由基，结果使具有高度杀伤性的氧自由基严重损伤心肌细胞膜，大量离子由心肌细胞内溢出，而后者可以扰乱控制心脏搏动的电流信号，引起心室颤动，从而导致死亡。

第三章

预防疾病从抗氧化开始

人体内的抗氧化剂与活性氧处于动态平衡的过程中。当两者达到平衡状态时，机体不会受到氧化损伤。如果由于工作、生活、环境的因素或饮食原因造成抗氧化剂水平降低或活性氧的生成应激的状态，活性氧就可能与DNA、脂质等生物分子直接反应而导致细胞受损；此后，受损细胞可能被修复或是渐渐死亡，也可能长期带着受损的分子或结构存活下来。而死亡或者受损且得不到修复的细胞，就会影响人体器官的功能，引发衰老及某些疾病。

一生中，人体内的正常细胞平均分裂140～160次，然后细胞就会死亡，但因为细胞同时有复制的功能，可以再生，人体机器得以继续正常运作；但是当细胞遭受到自由基攻击，就好比铁暴露在空气中久了生锈一样，这个过程叫做氧化。铁生锈了，就表示开始耗损，渐渐就会被腐蚀，人体衰老的过程就好像是铁被氧化的过程一样，实际上，生命衰老和病变的过程也就是氧化的速度超过还原的速度，而让我们体内细胞"生锈"，被氧化的物质就是自由基。如果受损"生锈"的细胞太多，修补的机能来不及，器官和组织会失去功能，产生病变，呈现老化的现象，最后终于死亡。

当人年纪越来越大，细胞受损的越来越多，身体功能很自然地会大不如前。根据研究，人只要一过30岁，便开始步向老化之路，许多器官功能以每年6.25%的速度衰退，多数人在40岁时的器官功能可达80%，50岁时剩70%，到70岁时仅剩35%左右。

评判抗氧化能力的标准

* 你在工作上承受了很大的压力
* 你有抽烟的习惯或常身处被动吸烟的环境下
* 你有过敏的毛病

　　* 你有服用药物（如止痛药，安眠药，感冒药，毒品）的习惯

　　* 你是肉食主义者，不喜欢吃鱼或蔬菜水果

　　* 你常吃加工食品，油炸食物，高脂肪食物

　　* 常接触汽车废气

　　* 你常常必须要暴露在太阳底下

　　* 本身是慢性疾病患者，并接受药物或放射线治疗

　　* 你的生活中常接触化学药品

　　* 没有服用维生素或其他营养补充品的习惯

　　* 你有酗酒的习惯

　　* 你是个运动员或常从事剧烈的运动

　　* 你的年纪超过 40 岁

如果勾选 3 个以上者，可能已面临身体抗氧化能力降低的危险。

　　环境的污染和工作的压力，我们似乎很难逃避，加上饮食不均衡，人体自然的抗氧化能力很难不受破坏，抵抗能力降低，自由基数量却不断增加，健康的危机越来越急迫。许多医学研究证实，从大自然得到了解除危机的答案，那就是借由摄取外来的抗氧化物质，来巩固人体对抗自由基的防御。

如何检测体内被氧化的情况

　　自由基一旦展开攻击便没完没了，在现代高污染的环境里，每个人都得面对自由基的威胁。要知道自由基对人体的伤害及体内抗氧化能力是否足够。目前已经有科学的测量方法可以检测出几项抗氧化指标，帮助了解自由基对你健康的伤害。

1. 自由基对人伤害的指标

　　当脂质，蛋白质及 DNA 被自由基氧化以后，分别会产生某些特定物质，如丙二醛（MDA），硫代巴比妥酸（TBARS），8 - 羟化脱氧鸟苷（8 - OHDG），这些物质会释放到血液及尿液中，经由抽血，验尿，可以知道细胞受伤害的情形。

2. 自由基释放量测定

（1）利用电子自旋共振光谱仪（ESR），测得自由基的存在。

（2）化学方法：让自由基与特定化学物质发生反应，再用光谱仪测定。

（3）化学冷光测定法：自由基会释放超微化学冷光，可被化学冷光测定仪侦测。

3. 抗氧化剂含量测定

目前医学界对人体抗氧化的检测，多采用侵入式的取样，需要抽血或验尿，检验前必须空腹，完成检测需要较长的时间，费用较贵。其中原理：

（1）在血液中加入氧化剂，再测自由基的释放量，若人体抗氧化能力越强，则自由基释放量越少。

（2）酶免疫法，可检测抗氧化酶含量。

（3）生化光子扫描仪（Biophotonic Scanner）：利用激光，激发胡萝卜素的反射光谱，并检测其含量，胡萝卜素是人体重要的抗氧化剂之一。

抗氧化的方式

我们的身体本身就可以用两种方法清除生成的自由基：首先，我们自身产生抗氧化剂来抑制正常含量自由基的产生。例如，体内产生的氧化物岐化酶能有效地清除自由基分子；还有些酶能淬灭单线态氧。

其次抑制自由基产生的方法就是通过膳食摄入抗氧化剂。每次你在吃桔子的时候其实就摄入了一些不同种类的抗氧化剂，如维生素 C 和柑橘类维生素 P。同样，当你吃一些绿叶蔬菜时或许就在摄入一些更强效的抗氧化剂类胡萝卜素，例如 β - 胡萝卜素和叶黄素。

如果单单依靠体内产生的抗氧化剂，如过氧化物岐化酶和饮食摄入的抗氧化剂维生素 C 和 β - 胡萝卜素来清除自由基往往是不够的。原因在于我们饮食中的水果和蔬菜量不足，这就要求我们通过服用自由基清除剂来达到抗氧化的目的。

1. 什么是自由基清除剂

所谓的自由基清除剂即抗氧化剂，顾名思义，抗氧化剂（Antioxidants）就是一种能够消除氧化过程对身体带来的损害的物质，是具有一个多余的自由电子，具有在自由基夺取细胞内分子的电子之前与自由基结合确保自由基电平衡的能力的一类物质，这类物质具有很好的"封杀"自由基的能力。而所谓的氧化过程其实很简单，想想为什么铁会生锈，黄油为什么会变质等等，都是氧化的结果。氧对于我们的生命至关重要，是一种非常活跃且不稳定的元素。它与铁发生反应形成铁锈，同时它也与黄油中的脂肪发生反应从而使黄油变质。与此相类似，氧化过程同时也在我们的身体里不断发生着。当您的岁数越来越大，也就有越来越多的氧化过程发生了，形象的说，这些氧化过程最终使您的身体也"生锈"了。于是，我们把任何能阻止或减缓氧化过程的物质称为抗氧化剂，从根本上说，抗氧化剂就是保护其他物质免受氧化损害的物质。

2. 人体内自生的自由基清除剂

我们人体本身存在有两大抗氧化系统，一为酶类，例如：超氧化物歧化酶（superoxide dismutase 简称 SOD），它是消除超氧阴离子自由基的酶；谷胱甘肽过氧化酶（glutathione peroxidase），它是消除过氧化氢和羟自由基的酶等，人体本身可由体内自行合成。但因环境、年龄等因素的影响，导致生理机能不顺畅，而造成合成的能力渐渐减少，越来越难满足我们身体每日的需要；虽然我们食入的动植物食品含有这些酶，但在消化过程中都将首先被分解为氨基酸，然后根据需要再在体内合成，但是如果饮食中缺乏合成它们的原料，就可能造成这些酶的缺乏和活性降低，比如，在制造谷光甘肽过氧化物酶时，必须有微量元素硒的参与。为了补充这种酶，应摄取含硒高的食物。如牡蛎、鳕鱼、比目鱼以及坚果类、十字花科蔬菜、西兰花、芥菜等。另一种非酶类，例如：维生素 E 和维生素 C、β-胡萝卜素等则需由饮食补充；许多天然植物中含有抗氧化物质，如谷类食物、十字花科蔬菜、蕃茄、黄豆、绿茶等抗氧化物质。

3. 常见的外源型自由基清除剂

正常人体有一套清除自由基的系统，但是即便如此，这个系统的力量会因人的年龄增长及体质改变而减弱，随着时间的推移，自由基还是会在细胞内不断地积累。细胞会在不断的氧化过程中失去它们的机能最后死亡。致使自由基的负面效应大大增强，引起多种疾病发病率的提高。

为了防御自由基的损害，可以向生命机体额外添加些自由基清除剂，从而达到抵抗疾病延缓衰老的目的。

现在，科学家们已经能够测量出这些氧侵蚀的量，并且可以确定哪些才是有效的抗氧化物，特别是那些包含在食物里的，以及试图发现生物体组织本身所含的抗细胞分子氧化的物质。现在这一点已经在一些小昆虫身上得到了验证。在一些个体上发现了一些抗氧化的酶，而这些个体一般都比那些不具有这种酶的个体活得更久。

抗氧化营养素种类繁多，各有不同的特性，可根据年龄，身体状况，生活环境，来搭配适合自己的抗氧化营养补充品。

（1）抗氧化维生素

①β-胡萝卜素：β-胡萝卜素是类胡萝卜素的一种，是非常有效的抗氧化剂，擅于捕捉氧自由基，它会在肝脏中转换成维生素A，而且只有在身体需要时才会进行转换，所以摄取适量的β-胡萝卜素并不会产生毒副作用。血液中含有较高浓度的β-胡萝卜素，患癌症的概率较低，特别是降低得肺癌的几率，对于预防肺癌有明显的效果，对细胞膜也有保护的作用。食物中以深黄、桔红及深绿色的蔬果含量最多，如南瓜，茼蒿，油菜，芒果，胡萝卜等。

②维生素C：维生素C是第一个被发现的维生素，能增强体内免疫力，具有消除自由基抗氧化的能力。因其为水溶性维生素，很容易在食物刀切，烹煮过程中流失。是细胞间质的主要物质，可以保护细胞不受损害。

＊帮助铁质吸收，预防贫血。

＊强化血管，加速伤口愈合，避免坏血病。

＊增加免疫力，预防感染性疾病。

＊捕捉自由基，预防癌症。

深绿色蔬菜是维生素C很好的来源，水果中以石榴的含量最多，还有葡萄柚、芒果、柚子等续表种类特性效用来源。

③维生素 E（生育酚 tocopherol）：维生素 E 是人体最重要的脂溶性抗氧化维生素，可以避免细胞膜的脂肪被自由基氧化，对于极易被氧化的红细胞，蛋白分子可提供强大的保护作用可以避免低密度脂蛋白（LDL）的氧化，对维护眼睛、肺部、皮肤、肝脏和动脉的健康非常有帮助。食物中的胚芽，全壳类，豆类，蛋及绿色蔬菜，都是维生素 E 的来源。

（2）抗氧化微量元素

①铜（copper）：铜是许多蛋白质和酵素的重要成分，特别对 SOD（超氧化物歧化酶）的形成，具有促进的作用，是抗氧化成分之一。

＊铜可以帮助铁的吸收在血红素的形成过程中扮演重要角色。

＊铜是骨骼形成的重要成分之一。

＊帮助毛发和皮肤生长肝脏，肉类，豆类，坚果，葡萄干，香菇等。

②硒（selenium）：硒是体内抗氧中谷胱甘肽过氧化 GPX 的促进因子，GPX 可以解除过氧化氢的潜在伤害，保护细胞和血液免受自由基的侵害。另外，硒对抑制脂质氧化也有帮助。

＊对免疫力的提升有很大的帮助。

＊尤其对老年人，素食者和艾滋病（AID）患者，特别重要。

＊帮助去除致癌物的毒性，以及促使癌前胞死亡西兰花、大蒜，洋葱，海产类，全谷类食物，都是硒的主要来源。

③锌（zinc）：在体内 100 种的酵素中，都有锌的存在，是维持生命的必须物质。锌是 SOD 的促进因子，并且能强化 SOD 的活性，是抗氧化的成分之一。

＊对 DNA 的合成和细胞的分裂非常重要，孕妇摄取足够的锌有助胎儿发育。

＊有助精子的制造，与生殖能力有密切的关系。

＊有助于免疫力的提升　肉类，海产，牛奶，蛋，大豆，花生等食物是最好的来源。

④铁（iron）：铁是组成血红素和肌红素的主要物质，最主要的功能是运输氧气。它是能量代谢过程中的重要物质，参与许多酵素系统的运作，

对免疫系统有增进作用避免贫血，增加抗氧化能力，但是过量的铁反而会增加自由基的数量肝脏，肉类，蛋，豆类，深绿色蔬菜，全谷类，干果类。

（3）抗氧化植物化学物：抗氧化植物化学物非常多，可能有几千种，现举其中几例。

①蕃茄红素：蕃茄红素（lyconpene）是类胡萝卜素的一种，它可以使蕃茄，草莓等水果显现出红色，它也大量存在于人体血液中，是一种强效的抗氧化剂，非常擅于抓住自由基。除此以外，许多研究显示，蕃茄红素对预防癌症有惊人的效果。

＊蕃茄红素能保护肝脏，免受致癌物质的侵害。

＊抵制脑癌细胞和乳癌细胞的增长。

＊减少癌症放射性治疗中所受到的伤害和后遗症。

＊对预防前列腺癌效果显著。

＊实验显示，蕃茄红素对食道癌，胃癌，结肠直肠癌等，都相当有帮助。红色的蕃茄，红色葡萄柚，红西瓜，木瓜都有不少的蕃茄红素。同一种作物，鲜红色品种的含量较多。

②柑橘类生物类黄酮：类黄酮（citrus - bioflavonoids）近年来最引人注意的是具有抗氧化剂的效果。类黄酮是属于一种多酚类化合物（polyphenols），是很强的金属离子钳合剂，可以降低自由基的产生。

＊增强微血管功能，防止微血管壁出血，维持良好渗透性，是抗出血性维生素。

＊帮助分解胆固醇。

＊具有抗菌作用降低传染病感染。

＊抗过敏。

＊有助于抗发炎作用，促进伤口愈合多存在于柑橘类（葡萄柚，柳橙，柠檬等）的果皮。

葡萄籽也含有丰富的生物类黄酮，因无法直接食用，而被制成营养补充剂续表酵母萃取α硫辛酸，目前是世界抗老化产品最热门的抗氧化剂，科学证实，α硫辛酸为水溶性及脂溶性的双重细胞抗氧化剂，因此比起一

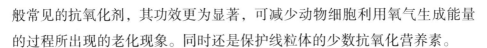

般常见的抗氧化剂，其功效更为显著，可减少动物细胞利用氧气生成能量的过程所出现的老化现象。同时还是保护线粒体的少数抗氧化营养素。

③酵母绿茶萃取物：绿茶萃取物中的多酚类物质，特别是儿茶素（catechins），具有清除自由基，提供身体强力的抗氧化作用，多酚类物质经口服后可经胃肠道吸收产生生物效用，尤其可对细胞遗传物质 DNA 进行绝佳的保护。

④绿茶花青素：花青素（anthocyanosides）属于多酚类，是一促强力的抗氧化剂，可以捕捉自由基。同时，由于花青素会利用磷脂质去补充上皮细胞，达到增强微血管内壁的作用，另一方面，它会促进胶原质的合成，来强化微血管外壁，降低血液外渗。

＊维护血管系统的健康，在某些器官更能降低出血性的伤害，如胃出血导致的胃炎。

＊多酚类化合物可避免低密度脂肪蛋白（LDL）被氧化，进一步预防动脉硬化覆盆子萃取物及葡萄皮萃取物是花青素相当优良的来源。麦绿素也是优良的来源。

⑤无色花青素（leucoanthocyanins）：同样属于多酚类化合物，有强力的抗氧化功能，能够预防因三氯甲烷自由基所引起的微血管硬化或血液外渗的现象。

＊能增进微血管组织的健全，对预防静脉曲张及促进心血管系统的健康有帮助。

＊对于自由基氧化所导致的眼睛损害，无色花青素也具有预防的效果，葡萄籽是无色花青素绝佳的萃取来源。

（4）其他常见抗氧化剂

①茶：茶中的有效成分茶多酚是一种抗氧化剂物质，凡经常饮茶的地区，其居民患癌症的比率较少。由此可见茶多酚能消除自由基防止癌症的发生。

②红葡萄酒：红葡萄皮中含有丰富的抗氧化剂，常喝有很好的清除自由基的作用。据近年法国报道，日饮 3 杯干型葡萄酒，可降心血管病及癌症死亡率达 50%，可使老年痴呆症减少 3/4，对 65 岁以上老人可使衰老速

度减缓80%。

③菠菜：其含有的大量β-胡萝卜素和铁，还有大量的α硫辛酸，能提供人体丰富营养。菠菜中的大量抗氧化剂，既能激活大脑功能，又可增强青春活力，有助于防大脑的老化，防治老年痴呆。

④山楂：所含有的黄酮类物质和维生素C、胡萝卜素等能阻断并减少自由基的生成，增强机体的免疫力，还有防衰老、抗癌的作用。

⑤胡萝卜：胡萝卜不仅能够增强人体免疫力，有抗癌作用，它更含有丰富的胡萝卜素，胡萝卜素可以清除致人衰老的单线态氧和自由基，减缓人体衰老的过程，防止皮肤老化。

⑥黄豆：含有异黄酮和黄豆皂苷，是一种天然抗氧化剂，同时具有弱雌性激素作用。常喝豆浆可以明显减弱妇女更年期症状，而且还有防癌和预防老年痴呆症的作用。对女性有很好的美容养颜的功效。

⑦大蒜：大蒜中的大蒜素有较强的抗自由基能力。大蒜需要切开在空气中氧化15min以上。

⑧麦绿素：小麦草汁含有人体几乎所有所需的各种酶、矿物质、维生素等营养。

此外，我国很多中草药中的有效成分都是抗氧化剂物质，例如，银杏黄酮、甘草黄酮等。

第四章

抗氧化剂之王——虾青素

虾青素的概念

虾青素，英文称之为 astaxanthin，简称 ASTA，呈紫色晶状粉末，不溶于水，易溶于二甲亚砜、丙酮、氯仿等溶剂。虾青素极不稳定，遇光、遭热易降解。1938 年科学家从龙虾中首次分离出这种天然抗氧化剂，并取名为虾青素。在随后的几十年里，科学家们弄清楚了这种抗氧化剂的结构和生物活性，其化学名称为：3，3′－二羟基－4，4′－二酮基－β，β′－胡萝卜素，分子式 $C_{40}H_{52}O_4$，分子量为 596.86。

为什么虾青素可以使三文鱼、蛋黄、虾、蟹等呈现红色？

虾青素也是一种色素，可以赋予观赏鱼、三文鱼、虾和火烈鸟粉红的颜色。其化学结构类似于 β－胡萝卜素，类胡萝卜素的一种。也是类胡萝卜素合成的最高级别产物，β－胡萝卜素、叶黄素、角黄素、番茄红素等都不过是类胡萝卜素合成的中间产物，因此在自然界，虾青素具有最强的抗氧化性，它的效果被确认是维生素 C 功效的 6000 倍；是维生素 E 的 1000 倍。

自然界虾青素是由藻类、细菌和浮游植物产生的。一些水生物种，包括虾、蟹在内的甲壳类动物都食用这些藻类和浮游生物，然后把这种色素储存在壳中，于是它们的外表呈现红色。这些贝壳类动物又被鱼（三文鱼、鳟鱼、加利鱼）和鸟（火烈鸟，朱鹭）、鸡、鸭捕食，然后把色素储存在皮肤和脂肪组织中，这就是三文鱼和其他一些动物呈现红色的原因。华中农业大学教授也研究证实：天然红芯鸭蛋的红色成分也是天然虾青素。

虾青素可以用化学方法从胡萝卜素制得。这是鱼饲料中虾青素的最主要来源，全球有能力合成生产的是 BASF、DSM、新和成公司。其他方法有：虾蟹废料提取、特定菌种发酵，天然的虾青素主要来自雨生红球藻。

虾青素的生产具有人工合成和生物获取两种方式，人工合成虾青素同天然虾青素在结构、功能、应用及安全性等方面差别显著。

1. 在结构方面

由于两端的羟基（－OH）旋光性原因，虾青素具有 3S－3′S、3R－3′S、3R－3′R（也称为左旋、内消旋、右旋）这三种异构型态，其中人工合成虾青素为三种结构虾青素的混合物（左旋占 25％，右旋占 25％，内消旋 50％ 左右），极少抗氧化活性，与鲑鱼等养殖生物体内的虾青素（以反式结构——3S－3S 型为主）截然不同。酵母菌源的虾青素是 100％ 右旋（3R－3′R），有部分抗氧化活性；上述两种来源虾青素主要用在非食用动物和物质的着色上。只有藻源的虾青素是 100％ 左旋（3S－3′S）结构，具有最强的生物学活性，CYANOTECH、FUJI、YAMAHA 这样的大企业经过了多年的研究，用来作为人类的保健食品、高档化妆品、药品。

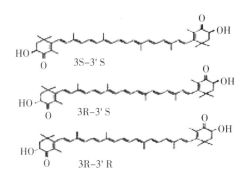

图 1　虾青素的三种结构状态

2. 在生理功能方面

人工合成虾青素的稳定性和抗氧化活性亦比天然虾青素低。由于虾青素分子两端的羟基（－OH）可以被酯化导致其稳定性不一样，天然虾青素 90％ 以上酯化形式存在，因此较稳定，合成虾青素以游离态存在，因此稳定性不一样，合成虾青素必须要进行包埋才能稳定。合成虾青素由于只有 1/4 左右的左旋结构，因此其抗氧化性也只有天然的 1/4 左右。

3. 在应用效果上

人工虾青素的生物吸收效果也较天然虾青素差，喂食浓度较低时，人工虾青素在虹鳟鱼血液中浓度明显低于天然虾青素，且在体内无法转化为天然构型，其着色能力和生物效价更比同浓度的天然虾青素低的多。

4. 在生物安全方面

利用化学手段合成虾青素时将不可避免的引入杂质化学物质，如合成过程中产生的非天然副产物等，将降低其生物利用安全性。

随着天然虾青素的兴起，世界各国对化学合成虾青素的管理也越来越严，如美国食品与药物管理局（FDA）已禁止化学合成的虾青素进入保健食品市场。目前，虾青素的生产一般倾向于开发天然虾青素的生物（植物）来源，并由此进行大规模生产。目前有能力商业化养殖雨生红球藻生产天然虾青素的只有涉及 5 个国家的 7 家公司，其余一些国家和企业大都处于研发阶段。

天然虾青素的主要来源——雨生红球藻

天然虾青素的生物来源一般有三种：水产品加工工业的废弃物、红发夫酵母（Phaffiarhodozyma）和微藻（雨生红球藻）。其中，废弃物中虾青素含量较低，且提取费用较高，不适于进行大规模生产。天然的红发夫酵母中虾青素平均含量也仅为 0.40%。相比之下，雨生红球藻中虾青素含量为 1.5%～3.0%，被看作是天然虾青素的"浓缩品"。

大量研究表明，雨生红球藻对虾青素的积累速率和生产总量较其他绿藻高，而且雨生红球藻所含虾青素及其酯类的配比（约 70% 的单酯，25%的双酯及 5% 的单体）与水产养殖动物自身配比极为相似，这是通过化学合成和利用红发夫酵母等提取的虾青素所不具备的优势。此外，雨生红球藻中虾青素的结构以 3S－3'S 型为主，与鲑鱼等水产生物体内虾青素结构基本一致；而红发夫酵母中虾青素结构则为 3R－3R 型。

当前，雨生红球藻被公认为是自然界中生产天然虾青素的最好生物，因此，利用这种微藻提取虾青素无疑具有广阔的发展前景，已成为近年来国际上天然虾青素生产的研究热点。

炎热的夏天，有时候你会在平静的湖面上看到红色的水蒸汽。你所看到的红色就是天然虾青素，那是因为有些绿色的微藻受到了恶劣环境的压迫。压迫源于一系列的因素：食物匮乏、缺少水分、光照太强、温度太高或者极度寒冷。由于种种压力，微藻的细胞就积累显示出红色的色素——虾青素。这是一种生存的机理——虾青素的积累保护了海藻不至于缺乏营养和或免遭强烈的光照。由于虾青素的保护特性，这些藻类可以连续四十年处于睡眠状态，不吃不喝还经受炎热的夏天或寒冷的冬天。一旦条件适宜，又会重返绿色，恢复活力。

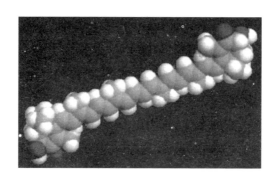

图2　虾青素分子

世界上很多植物和动物都含有虾青素，尤其在微藻和浮游植物中普遍存在，少数真菌和细菌中也含有。许多含有虾青素的微藻和浮游植物有机体处在食物链营养级的底端，因此，在许多动物中也含有虾青素。所有红色和粉色的海洋动物都含有天然虾青素，例如：鲑鱼、鳟鱼、虾和蟹都含有虾青素。这些动物的食物是以含虾青素的微藻和浮游植物为主，而各种各样的动物，如鸟、熊甚至人类又摄食这些海洋动物，所以在世界各处都能找到虾青素。

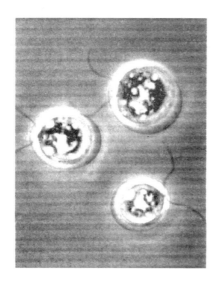

图3　成长阶段快乐、健康的绿色红球藻细胞

图4　遭受压力后的红球藻细胞

（虾青素作为保护屏障可以使细胞在

没有食物和水分的环境下存活40年）

虾青素属类胡萝卜素类，自然界主要由微生物和微藻产生，动物不能合成类胡萝卜素，只能通过食物链从植物或藻类中获得。近几年从雨生红球藻生产虾青素发展很快，因为雨生红球藻生长快、虾青素质量浓度高。

雨生红球藻中的虾青素含量可达3%甚至更高，远远高于红发夫酵母中的含量，是鲑鱼肉中的1000～4000倍，因此雨生红球藻被看作天然虾青素的"浓缩品"，是天然虾青素最好的生物来源。

虾青素的生物功效

天然虾青素是迄今为止人类发现自然界最强的抗氧化剂，同时也是唯一能通过血脑屏障的一种类胡萝卜素。只有藻类、酵母菌和特定细菌可产生虾青素，自然界中虾青素主要由植物和微藻产生。动物不能合成类胡萝卜素，只能通过食物链从植物或藻类中获得。虾青素的分子结构与β2胡萝卜素相似，但二者的化学性质和生物活性却大不相同。它可以淬灭单线态氧，清除自由基以及有效地结束过氧化链式反应，从而保护细胞免受氧化反应的伤害，被誉为"超级维生素E"、"超级抗氧化剂"。

所说的虾青素具有超强的抗氧化能力，仅仅指的具有左旋结构的天然虾青素，这种虾青素都是由藻类体内合成而来。而人工化学合成的，其抗氧化能力极其低下，基本可以忽略不计，多作为工业色素使用，不能起到良好的保健及疾病治疗、预防作用。

经试验证实，只有左旋虾青素具有超强的抗氧化能力，右旋虾青素能力较低，消旋虾青素基本不具备抗氧化能力。

在一项研究中，给3位中年吸烟男子分别服用100mg左旋、右旋、消旋虾青素，在72小时内取血样10次，用HPLC高效液相色谱分析法作定量分析。6小时后，服用天然左旋虾青素的实验对象血浆中，虾青素质量浓度高达1124mg/L，服用右旋虾青素的血浆中虾青素质量浓度有一定升高，而服用消旋虾青素的血液中，其含量没有明显变化。说明人体对虾青素的生物利用率与其结构方式密切相关。

安全性

自从人类开始吃海里任何红色或粉红色的海产品以来，人类就已经从膳食中摄入天然虾青素了。例如，一粒 4mg 的天然虾青素胶囊相当于 4 盎司（100g）红鲑鱼中所含虾青素的份量，鲑鱼是目前所知虾青素含量最高的鱼种。有趣的是，不同鲑鱼鱼种所含的虾青素含量也有很大的差异。例如，如果想要摄入 4mg 胶囊所含的虾青素你就需要吃一条两磅或者几乎 1kg 的大西洋鲑鱼，因为这种鲑鱼所含虾青素的量极少。

令人鼓舞的是，从人类摄入天然虾青素以来，还没有任何有毒现象或某种药物、补充品、食品产生副作用或其他任何禁忌症状；并且自天然虾青素作为膳食补充剂以来，没有任何登记在案的副作用记录，甚至过敏反应记录都没有。这同市场上其他来源的虾青素资料是完全相反的，如从石化产品中用化学方法合成的虾青素或是从变异酵母中提取的虾青素。在很多发表的文献、实地研究、无数次的动物和人类试验研究中，没有任何有关来自雨生红球藻天然虾青素的毒性记录，充分证明了其安全性。

在人类膳食中鲑鱼天然虾青素的含量最高。鲑鱼鱼种的不同，其虾青素的含量也大相径庭：从每公斤含 1mg 至 58mg 不等。表 1 列出了不同鲑鱼虾青素含量的研究结果。

表1　不同鲑鱼虾青素含量表

鱼种	虾青素含量	虾青素含量平均值
野生红鲑	$30 \sim 58$mg/kg	40.4mg/kg
野生银鲑	$9 \sim 28$mg/kg	13.8mg/kg
野生粉红鲑	$3 \sim 7$mg/kg	5.4mg/kg
野生石竹鲑	$1 \sim 8$mg/kg	5.6mg/kg
野生王鲑	$1 \sim 22$mg/kg	8.9mg/kg
野生大西洋鲑	$5 \sim 7$mg/kg	5.3mg/kg
所有鱼种平均值		13.2mg/kg

每公斤大西洋鲑鱼中虾青素平均含量为 5.3mg，而红鲑中虾青素的含量高达 40.4mg。所有鲑鱼种虾青素的平均含量为 13.2mg。人均每餐摄入 0.25kg 的鱼，那么从大西洋鲑鱼中获得的虾青素最少——只有 1.3mg，从所有"平均"鲑鱼，扣获得的虾青素为 3.3mg，从红鲑中获得的虾青素最多——10.1mg。这样的数据同市场上各种虾青素的建议剂量相吻合。

从雨生红球藻中提取的虾青素还含有其他天然的类胡萝卜素着色剂，

包括角黄素、叶黄素和β－胡萝卜素，但是它们仅占虾青素的5%。这些类胡萝卜素大量存在于膳食中的水果、蔬菜中。通常，天然虾青素补充剂的一剂量所含的角黄素、叶黄素和β－胡萝卜素的总量每天不会超过0.25mg。日前美国联邦法规允许角黄素添加在有色食品中，在每磅食品中添加量不超过30mg。因此，天然虾青素补充剂的剂量所含的角黄素含量还不到一磅食品或一品脱饮料中最大角黄素添加量的百分之一。普遍建议的β－胡萝卜素和叶黄素的添加量分别是每天20～60mg和3～6mg，雨生红球藻虾青素补充剂中的β－胡萝卜素和叶黄素也仅仅只占小部分。

另外进行了很多人类的安全性临床试验和动物试验，都没有显示虾青素有任何副作用，而且也进行了小鼠和大鼠毒理学试验和啮齿类动物远远超出其体重的剂量喂养试验。这些试验都没有死亡或中毒现象的发生。同时，用其他种类动物也进行了很多安全性试验。其中，有一项试验给妊娠兔摄入大剂量的虾青素，试验结果表明对妊娠兔和胎兔都没有副作用。

稳定性

天然虾青素对人类营养的各种益处大部分都源自其超强的抗氧化能力。这自然也给生产商和消费者出了道难题，生产商需要小心谨慎，在生产过程中，制胶囊或制片剂、包装、储存等过程都要防止天然虾青素被氧化；消费者则需要保证买到的虾青素补充剂产品含有同标签上一致的、足量的虾青素。

虾青素遇到氧就极其不稳定。因为它具有超强的抗氧化能力，在空气中虾青素分子会和氧共键。一旦氧化，它就会分解成降解产物叫"虾红素"，对人类和动物没有任何益处。因此，处理、生产虾青素时必须格外小心，以免它被氧化。

从雨生红球藻中提取富含虾青素和其他类胡萝卜素的油的生产工艺也是至关重要的。有几种方法可以从雨生红球藻中提取天然虾青素。最先进的技术就是用超临界、无溶剂、二氧化碳高压萃取工艺。这不仅防止溶解残留物质的产生，而且虾青素油产品会更加稳定。

服用方法

怎样用适宜的递送方法使虾青素进入体内。最普遍的方法是制成凝胶囊。凝胶囊可以保护虾青素油类产品不被氧化。但是凝胶囊的生产也有质量高低之分，选择优质凝胶囊生产商是很重要的。把虾青素灌入植物来源的凝胶体时，要特别注意保护胶囊内的虾青素，有很多生产商都忽略了这一点。如果把虾青素装入质量差的胶囊内，不会影响其安全性，但是部分或所有的虾青素就会被氧化，进而降解成虾红素，也就没有你期待的那些功效了。

虾青素粉比胶囊油更活跃。营养保健食品的粉末状原料主要用来生产片剂或硬胶囊。大部分虾青素粉是极不稳定的，唯一可以保证其稳定性的方法是把细小的凝胶粉装入微胶囊中。对于凝胶囊来讲，必须由经验丰富、高品质的生产商来灌装避免虾青素被氧化，世界上只有少数几家生产商具有这样的生产技术和能力，此工艺的技术含量和投入资金都很高，但是这一步骤对于保护那些极易被氧化的物质如虾青素又是必不可少的。

现实很可怕，因为市场上确实存在根本不稳定的虾青素产品。一些市场上的虾青素，经检验虾青素含量连产品标签上标明含量的一半都不到。

其他可行的递送方法还有功能食品、能量或运动饮料。由于虾青素是一种新产品，在这些应用领域的产品还不多，不过我们看到此行业正在向新型递送方式发展，目前全球化发展的天然虾青素油剂采用软胶囊密封包装，就能够最大程度地避免被氧化的情况，达到人体最佳口服吸收状态。

用量和生物药效

几个试验研究已经验证了虾青素的生物药效。很多动物试验证明虾青素可以通达啮齿类动物身体的各处，而对人的研究是通过检测血液中虾青素的含量，证明人可以通过口服吸收这种类胡萝卜素。但是如果要确定适宜人类的最佳用量则需仔细考虑多个因素。

不同剂量人类临床试验：包括从正向免疫试验的每天2mg，到有趣的男性生殖试验高达每天16mg，其他试验用量都在这之间。那么适合于大部分人的剂量是多少呢？

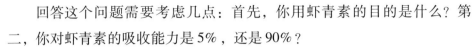

回答这个问题需要考虑几点：首先，你用虾青素的目的是什么？第二，你对虾青素的吸收能力是 5%，还是 90%？

我们先来讨论第二个问题：不同的人对类胡萝卜素的吸收能力也不同。例如，你也许能吸收膳食中 90% 的类胡萝卜素，但是你的朋友有可能只吸收 5%。那么，给所有的人推荐一个具体的剂量就太牵强了。如果你能吸收 90% 的类胡萝卜素，那么你服用 1mg 虾青素的效果就同你的朋友服用 18mg 的虾青素是一样的，这样大的差别让补充剂生产商在标签上注明建议用量是很困难的。

另外一个重要的因素是你服用虾青素的原因。如果你是位男士被诊断为精子质量差，你和太太想要孩子，就应该服用生殖试验所建议的高剂量，也就是每天 16mg。如果你仅仅是为了抗氧化和提高免疫力，而且你的膳食已经很均衡，那么你每天只需服用 2mg。

另外一个决定人对虾青素吸收能力的因素是服用时间：我们极力推荐在进餐时服用天然虾青素，最好膳食中含一部分脂质。虾青素同其他类胡萝卜素一样，属于脂溶性物质。如果在缺乏脂质时服用，人体对这些亲脂性营养素的吸收就很差，相反，则会优化吸收。一项研究围绕这个论述进行了试验，在这种脂质配方中测验了天然虾青素的生物药效，这三种含脂质的配方对虾青素的吸收能力都比不含任何脂质的配方要好。试验传达的信息很明确——请同脂类一起服用虾青素或者至少服用虾青素油的胶囊，这样才能获得最好的效果。

各生产商已经建立了较标准的每天建议用量——普通人平均每天 4mg。下面为消费者提供一份不同用途的建议用量表（表 2）。

表 2　不同用途建议用量表

用途	建议用量
抗氧化	2～4mg/d
关节炎	4～12mg/d
肌腱炎或腕管综合征	4～12mg/d
无征兆发炎（C 反应蛋白）	4～12mg/d
口服防晒	4～8mg/d
口服美容、改善皮肤	2～4mg/d

续表

用途	建议用量
强化免疫系统	2~4mg/d
心血管健康	4~8mg/d
活力和耐力	4~8mg/d
大脑和中枢神经系统健康	4~8mg/d
眼睛健康	4~8mg/d
局部外用	20%~100%

当你决定了适合自己的用量时，我建议你从小剂量开始，过一个月后看效果如何。如果没有达到预期的效果，可以增加用量。大部分人一粒 4mg 正合适，但是我们也听到不少的消费者每天服用 2~3 粒才能达到预期的效果。另外，有些人用逆向方法，先从大剂量开始，比如几周内每天服用 8mg，然后再减少到每天 4mg。服用虾青素有重要的两点需要知道：

没有毒性极量限制，所以服用更多也不会有害。

虾青素的抗氧化功效极强，即使在多种维生素或抗氧化配方中添加极少量，也会帮助预防所有同氧化和炎症有关、危及生命的病证。

虾青素与其他类胡萝卜素

虾青素的分子结构与 β - 胡萝卜素相似，但二者的化学性质和生物活性却大不相同，体外实验表明虾青素的抗氧化性比 β - 胡萝卜素强得多，虾青素对水产养殖的有益之处已被认识多年，但其潜在的抗氧化性质对人类健康影响的研究才刚刚开始。

虾青素为类胡萝卜素合成的最高级别产物，β - 胡萝卜素、叶黄素、角黄素、番茄红素等都是类胡萝卜素合成的中间产物。因此，在自然界中，虾青素具有最强的抗氧化性，具有抗氧化、抗衰老、抗肿瘤、预防心脑血管疾病的作用。

类胡萝卜素是一些色素，让我们的食品呈五颜六色。西红柿之所以是红色，就是因为含有一种称为"番茄红素"的类胡萝卜素。玉米棒上的玉米是黄颜色的是因为含"玉米黄质"——另一种类胡萝卜素。当然，胡萝卜显橙色是因为其含有"β - 胡萝卜素"。实际上"胡萝卜素"这个名字就来源于使它们显现橙色的著名色素"胡萝卜素"。

类胡萝卜素分为截然不同的两种：第一种叫做"胡萝卜素"，这也许是大家都知道的一类，因为其中最有名的成员是β-胡萝卜素，包括番茄红素和胡萝卜素。

另一类则是"黄色素"，其中虾青素就是其自豪的成员之一。黄色素中另外两位著名成员是叶黄素和玉米黄素。这两类的区别是黄色素在其分子末端有羟基，虾青素比其他的黄色素有更多的羟基，这就使它在人体内具有比其他亲族成员叶黄素和玉米黄素有更大的作用。

图5对虾青素与β-胡萝卜素的分子进行了比较，可以看出它们看上去很相似，只是虾青素分子的末端有羟基"O"和"OH"。这个小小的不同却是类胡萝卜素表亲家族成员在功能上有巨大差别的原因。

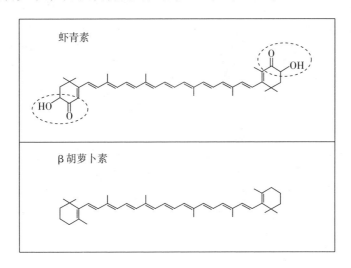

图5 虾青素分子末端的羟基结构图

（虾青素分子末端的羟基结构使它与β-胡萝卜素及其他类胡萝卜素截然不同）

虾青素具有以下独特的功能，而β-胡萝卜素和其他类胡萝卜素却没有：

（1）穿越血-脑屏障并对大脑和中枢神经系统起到抗氧化及抗炎的保护作用。

（2）穿越血-脑屏障并对眼睛起到抗氧化及抗炎的保护作用。

（3）有效地穿越身体，给所有器官和皮肤带来抗氧化和抗炎的活性保护作用。

（4）穿越细胞膜。

（5）与肌肉组织黏合。

（6）具有超强抗氧化作用，迅速清除自由基、消除单线态氧。

共有七百多种不同的类胡萝卜素，而大多数人最多也只知道几种。它们来源于天然的浮游生物、藻类和植物以及少量细菌和真菌类。在植物和藻类中类胡萝卜素实际上是叶绿素光合作用过程的一部分。一些动物可以吃某些类胡萝卜素然后在其体内转化成不同的类胡萝卜素。但是，所有的动物都必须从其最初的饵料中获得类胡萝卜素。

图6 正常的粉红火烈鸟　　　　　图7 没有吃类胡萝卜素的粉红火烈鸟

动物能够转化摄入的类胡萝卜素例子之一是粉红火烈鸟。火烈鸟摄食黄颜色的类胡萝卜素——玉米黄质，还有含有橙色的类胡萝卜素——β-胡萝卜素的藻类，然后在体内转化成粉红色的虾青素和角黄素。如果摄食中没有类胡萝卜素，粉红火烈鸟可能会变成浅褐色；若不能把摄入的类胡萝卜素转化成虾青素和角黄素，粉红色火烈鸟就可能会变成橙黄色。

动物怎样利用类胡萝卜素？可以通过冷水鱼类，如鲜鳟鱼的例子来了解。这种鱼通过饵料摄入虾青素并积累在肌肉中，从而保护其组织和细胞不被氧化。所以你在野生鳟鱼片上可以看到健康、鲜艳的粉红色。

有些类胡萝卜素是不同物种生存所必需的。例如，人类需要维生素A，而维生素A来自我们饮食中的β-胡萝卜素，人体根据需求进行适量的转化满足维生素A的需要。服用人剂量的纯维生素A是有毒性作用的，但β-胡萝卜素没有用量的限制。

根据多年来的科学研究和大众传媒，β-胡萝卜素成为最有名的类胡萝卜素。它是一种"维生素A原类胡萝卜素"，另一种说法是它具有"维生素A的活性"。其他也有一些类胡萝卜素在人体内能转化成维生素A，但是β-胡萝卜素是最主要的一种。通过食物摄取天然β-胡萝卜素是满足维生素A需求的最好途径：人体只根据自身需求量把适量的β-胡萝卜素转化成维生素A，但是同时β-胡萝卜素在人体营养领域还有其他各种益处。首先，最重要的是：无数的研究已经证明β-胡萝卜素具有预防癌症的特性。

除β-胡萝卜素外，比虾青素更广为人知的其他种类的类胡萝卜素有叶黄素和番茄红素。过去十年，叶黄素由于对眼睛健康具有营养作用而出名；市场上推广番茄红素是预防前列腺癌的营养素，两种类胡萝卜素都是很好的物质，但却没有虾青素的抗氧化及抗炎特性，也没有对人和动物的更多广谱健康益处。

当我们谈到一系列的类胡萝卜素时，我们注意到虽然有七百多种不同的类胡萝卜素，但是大多数都鲜为人知。有些人听说过玉米黄质，它是市场上畅销的主要用于眼睛健康的另一种类胡萝卜素，但是我们当中有多少人听说过海胆酮、γ胡萝卜素或岩藻黄质，大概很少有人知道，随着科学家对类胡萝卜素的研究加深，你听到的各种类胡萝卜素的名称就越多；这是因为许多类胡萝卜素都是很好的营养素，可以提高我们的生活质量，因为它们具有抗氧化和抗炎特性功能性作用，延长我们的寿命。虽然随着时间的推移，研究人员可能还会发现其他对人体有益的类胡萝卜素种类，但天然虾青素是最好的一种。

1. 类胡萝卜素的抗氧化机理

（1）淬灭单线态氧：类胡萝卜素通过物理方式淬灭单线态氧，单线态氧额外的能量转移到类胡萝卜素，类胡萝卜素接受能量成三重态

（3Car³），然后通过放热的方式释放额外的能量转到基态（1Car），这是一个物理过程，类胡萝卜素的结构未发生改变，可继续淬灭单线态氧。化学反应的速度可用速度常数（k）来描述，反应越快，速度常数越大。类胡萝卜素淬灭单线态氧的速度也可用速度常数（kq）来描述，类胡萝卜素kq值的大小反映其抗氧化性的潜在效力，kq值越大，它与单线态氧的反应越快，因为类胡萝卜素在淬灭单线态氧的过程中不被破坏，kq值越大，一定量类胡萝卜素在单位时间内淬灭的单线态氧就越多；当然，kq值的大小与实验条件（如温度、溶剂、光敏剂种类、测定方法）密切相关，所以，比较类胡萝卜素的kq值大小，其实验条件一定要相同。

（2）清除自由基：类胡萝卜素既能给自由基提供电子，又可与自由基结合形成加合物，终止链式反应，避免细胞组分（脂质、蛋白质、核酸等）受到自由基的伤害。同样，不同类胡萝卜素清除自由基的能力因自由基的种类和其所处的环境不同而异。

从数据可以看出，类胡萝卜素淬灭单线态氧的能力与其共轭双键的数目有关，末端紫罗酮环作用不明显。4，4'羰基（虾青素和角黄质）能提高淬灭单线态氧的能力，虾青素淬灭单线态氧的能力最强，是 α - 生育酚的100倍，而谷胱甘肽的反应速率只有 α - 生育酚的1/125，但是生物体内的环境与实验条件大不相同，化学实验的结果并不能反映生物体内的真实情况；为了模拟生物环境，人们用脂质体、培养细胞和动物来进行实验，其结果也因氧化剂种类、生物环境以及与其他物质之间的相互作用不同而异，如类胡萝卜素在脂质环境（像生物膜）中的抗氧化能力就比水溶性抗氧剂（硫辛酸、谷胱甘肽）的抗氧能力强，而后者在胞质中的抗氧化方面起着重要的作用。

2. 虾青素抗氧化性能的研究

虾青素是一种广泛应用的类胡萝卜素，人们对其抗氧化性及抗氧化效率进行了广泛研究。用体外血细胞研究了几种类胡萝卜素淬灭单线态氧的效率，发现番茄红素最有效，虾青素次之，β - 胡萝卜素最差。虾青素清除自由基的效率与角黄质相当，比 β - 胡萝卜素和玉米黄质高50%，清除过氧化氢自由基和防止脂质过氧化的能力明显优于玉米黄素、角黄素和β₂

胡萝卜。虾青素在抗氧化过程中，各个单项不是最强，但抗氧化综合能力最高。虾青素类似维生素 E，为脂溶性抗氧剂，在生物膜和富含脂质的组织中表现优良的抗氧化性能。分别用维生素 E 缺乏的饲料、维生素 E 富足的饲料和 w（虾青素）=1% 的饲料喂养小鼠 2～4 个月，然后取肝线粒体和红细胞进行体外抗氧化实验，发现虾青素有明显的抗氧化活性，效果优于维生素 E。

虾青素——抗氧化剂之王

许多补充剂、甚至有些食品都声称是抗氧化剂，但世上只能有一种抗氧化剂是最强的。天然虾青素被称为"世界上最强的抗氧化剂"，归根结底是因为天然虾青素的诸多健康益处都与它超强的抗氧化能力密切相关。最初生产虾青素膳食补充剂的公司就是以其高效的抗氧化功能进行市场推广的，而其它健康益处是在以后才发现的。很多人发现他们服用的抗氧化剂居然有很多意想不到的功效：如医治关节炎疼痛、增强力量和耐力、预防感冒和流感、在阳光下呆更长时间而不至于起晒斑，或者其他各种惊人的效用。其使用者提供的见证资料和不断增加的试验研究推动了大量的人体临床试验，证明了虾青素能够应用在人类营养的各个领域。每年进行的日益增多的试验研究和临床试验，科学界逐渐发现天然虾青素的神奇之处。

根据两个不同的体外研究试验，虾青素是自然界已知的最强的天然抗氧化剂。检测抗氧化剂的强度有许多方法，目前其中一个颇为常用的方法叫做抗氧化能量指数法（ORAC，由美国马萨诸塞州诺顿公司布朗斯维克实验室开发）。根据布朗斯维克实验室的说法，抗氧化能力指数（ORAC）法对像虾青素那样的脂溶性类胡萝卜素不是一种好的测试方法，因此天然虾青素的检测方法有两种选择可以替代。在这两种抗氧化剂检测试验中我们发现，虾青素把所有的竞争对手都远远抛在了后面。

虾青素淬灭单线态氧表现出的抗氧化能力，比维生素 E 强 550 倍。维生素 E 一直都被吹捧为化妆品领域，口服和外用都有效的抗氧化剂；但与虾青素的抗氧化强度相比较，维生素 E 就相形见拙。

虾青素与同属类胡萝卜素的 β – 胡萝卜素的关系也很有趣。β – 胡萝卜素是研究最为广泛的一种类胡萝卜素，当然也有许多健康方面的益处、功效。它是一种有维生素 A 活性的类胡萝卜素——在人体内根据需要转化成维生素 A。虾青素在化学上与 β – 胡萝卜素非常相似；然而虾青素单线态氧的淬灭能力却比 β – 胡萝卜素要强十一倍。

在过去十年间叶黄素成为人人皆知的产品，它也是一种像 β – 胡萝卜素及虾青素的类胡萝卜素。叶黄素作为一种眼睛保健产品已经上市若干年了，实际上虾青素对眼睛的健康作用比叶黄素更好。作为针对有害单线态氧的抗氧化剂，虾青素经证明比叶黄素的抗氧化能力强近二倍。

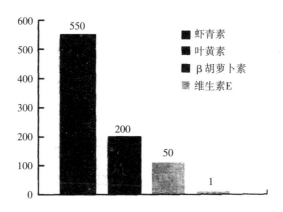

图 8　单线态氧淬灭率（纵坐标表示抗氧化能力）

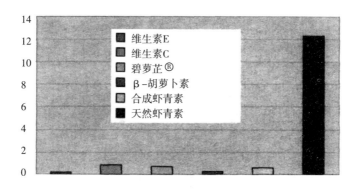

图 9　含氧自由基清除力（纵坐标表示每毫克的抑制率）

　　第二个研究是在克雷顿大学进行的，试验测定了天然虾青素相对于维生素 E、维生素 C，碧萝芷、β－胡萝卜素和其他几种抗氧化剂（包括合成虾青素）的自由基清除能力。在这个试验中，天然虾青素抗氧化强度超出其他所有抗氧化剂的倍数从最低十四倍到超过六十多倍。

　　值得注意的是，不同的抗氧化剂试验得出的结果显著不同。例如，在第一个检测淬灭单线态氧能力的试验中，虾青素经证明比维生素 E 强 550倍；而在这个检测清除自由基能力的试验中，虾青素只比维生素 E 强 14.3倍。这就是为什么仅靠一个试验检测抗氧化强度会产生误差，检测结果会大不一样。最好是找到一致的共同点，从这两个截然不同的试验以及其他关于抗氧化剂的研究可以得出的相同点是：虾青素是所有天然抗氧化剂当中最强的一种。

第五章
虾青素的广谱保健功效

虾青素的推出导致抗氧化剂市场的新革命，有人甚至说：21 世纪将是抗氧化剂的世纪。天然藻源的虾青素及其提取物在欧美、日本、东南亚等发达国家已经得到广泛应用，中国知道虾青素的人还很少，目前还只是科学界和时尚美容界少数人士知晓。哈佛研究人员 Preston Mason 称，虾青素这种天然类胡萝卜素极具潜力，有望成为新型抗氧化、消炎制剂，并且有望在他汀类和抗血小板药之后掀起第三次预防性药物的浪潮。

生物氧化反应是生物体内每个细胞的基本生理过程，在维持正常新陈代谢中非常重要。生物氧化过程将产生氧自由基、水和活性氧，活性氧具有高度不稳定性，过量的活性氧会导致氧化损伤，致使氨基酸被氧化、蛋白质被降解以及 DNA 的损伤等。氧自由基还会攻击细胞膜上的不饱和脂肪酸，被氧化的脂肪酸就会通过链式反应产生更多的脂肪酸自由基。过多自由基的存在打破了生物体内自由基和抗氧化剂的平衡，成为导致风湿关节炎、心脑血管疾病、帕金森综合征、癌症的重要因素。

膳食中的多种营养成分都具有抗氧化剂的功效，可以起到预防多种疾病的作用。其中，类胡萝卜素及其衍生物就是极其有效的生物抗氧化剂，它们能通过长链的共轭烯烃结构将活跃的单线态氧吸收，从而阻止单线态氧对其它分子或组织造成氧化伤害；也能阻断由不饱和脂肪酸降解，而引发的自由基连锁反应，从而降低或防止自由基的生成。

虾青素是一种链断裂型抗氧化剂，具有极强的抗氧化作用。科学家比较了与其结构类似，但共轭双键数不同，如：叶黄素、玉米黄素、番茄红素、异玉米黄素等。类胡萝卜素及其衍生物在氧化作用中，淬灭活性氧的能力随共轭双键的增加而增加，其中虾青素的抗氧化能力最强。以含亚铁离子的血红素蛋白作为自由基产生者，亚油酸为接受者，检测各种类胡萝卜素及其衍生物和生育酚（维生素 E）清除自由基的剂量之比。研究发现虾青素清除自由基的能力最强，所以认为类胡萝卜素及其衍生物中羟基和酮基的存在与数目对清除自由基的作用非常重要。

以大鼠红细胞膜和肝线粒体进行的实验同样得到了类似的结论。虾青素的抗氧化性能较 α - 维生素 E 强数百倍以上，因此有"超级 VE"之称。科学家比较了虾青素和 α - 维生素 E 对防止小鼠肝匀浆产生过氧化作用的结果表明，虾青素的抗氧化作用较 α - 维生素 E 强千倍以上。试验中还发现，虾青素还能有效地防止磷脂和其它脂类的过氧化。

雨生红球藻，作为自然界中生产天然虾青素的最好的生物原料，已引起国内外相关领域的普遍关注，其培育和开发技术日臻完善，雨生红球藻虾青素在营养和医药中的应用无疑具有广阔的发展前景。

大脑、眼睛和中枢神经系统的抗氧化剂

许多抗氧化剂，甚至与天然虾青素有密切关系的类胡萝卜素都不能穿越血脑屏障到达大脑、眼睛和中枢神经系统。β - 胡萝卜素不能做到这一点，番茄红素同样做不到这一点，但是虾青素却能做到。对抗氧化剂来说，这是至关重要的，因为目前科学家们对眼睛和和中枢神经系统疾病及损伤的归因理论就是单线态氧和其他自由基（过氧化物、羟基化物、过氧化氢等等）的不断产生和增加，而人体清除自由基的能力减弱。这些疾病包括与年龄相关的黄斑性视力退化（在美国是导致失明的首要原因）、视网膜动脉、静脉闭塞、青光眼、糖尿病视网膜病和外伤及炎症引发的伤害。一种能穿越血脑屏障和血视网膜屏障到达内眼的抗氧化剂就能防止眼睛遭到这些疾病的侵袭。

虽然虾青素通常不会存在于眼睛内，但是马克·曹（Mark Tso）博士却通过给老鼠饲喂虾青素并在它们的眼睛里发现虾青素，第一次证明了虾青素能够穿越血脑和血视网膜屏障。然后他又证实了虾青素可以防止眼睛遭受光损伤、光感受器细胞损伤、神经节细胞损伤、神经细胞损伤和炎症损伤。虽然研究人员刚刚开始发现这一点，但虾青素无疑是保护眼睛的最好补充剂。

1. 老年性视网膜黄斑变性

人类视网膜中富含不饱和脂肪酸，氧化所产生的自由基很容易使其发生过氧化损伤，从而使眼睛的视网膜黄斑变性（AMD）。而 AMD 是老年人后天视力丧失的主要原因之一。

老年性视网膜黄斑变性（图 10）是老年人最常见的一种眼部疾病，不可逆，很难治愈。主要表现是无阅读能力，甚至不能辨认所熟悉的面孔。其发病原因主要是眼睛中叶黄素和玉米黄素含量低而引起的。

国外多位科学家使用虾青素治疗和预防 AMD 都得到了很好的效果。主要是虾青素是通过超强的抗氧化作用和抗自由基作用，改善了视网膜的血液供应，从而收到了满意的治疗效果。

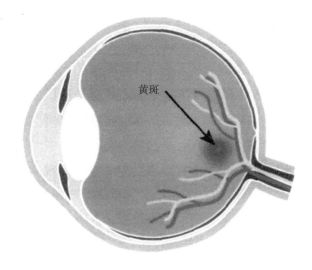

黄斑

图 10 视网膜黄斑变性

2. 白内障

白内障（眼睛内晶状体浑浊）是导致视力模糊的一种眼科疾病，是全世界导致失明的主要原因。50～60 岁的发病率为 60%～70%，70 岁以上发病率可达 80%。目前只有通过手术治疗，但复发率可达 50% 以上。

俄罗斯国立医学大学的生物物理学家认为，眼球的晶状体细胞膜被自由基逐渐氧化是老年性白内障的主要原因。叶黄素和玉米黄素是人类晶状体中抵御自由基侵害唯一可检测到的类胡萝卜素，是眼睛抗氧化剂的主要成员，但因年龄的增大和口服不能水解，无法透过血－脑屏障。所以，患有白内障的中老年人必需通过口服补充虾青素才能辅助治疗和预防白内障的发生。

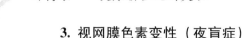
3. 视网膜色素变性（夜盲症）

视网膜色素变性是视网膜色素细胞变性引起的。是一种慢性的、进行性、遗传性、营养不良性视网膜色素病变。视网膜色素变性早期只有夜盲的症状，常在儿童期即出现，随着病情的发展，暗视能力下降，视野缩小，最后呈管状视野而失明，被称为眼科"不是癌症的癌症"。

通过美国哈佛大学眼睛疾病个案管理小组对视网膜色素变性的研究发现，给予视网膜色素变性的患者每天口服补充虾青素 6 ~ 12mg，140 天，可以提高86%的治疗率。可见补充虾青素可以增加视网膜色素密度，提高视网膜色素变性患者的视力，提高其治疗率。

4. 糖尿病性眼睛失明

糖尿病性视网膜病变，是由于高血糖长期侵袭造成眼睛视网膜毛细血管循环障碍，血流缓慢，组织缺氧，毛细血管变性变脆，眼底后底部视网膜上出现微血管瘤，出现点状或片状出血，棉絮状渗出，造成视力减退。如果此时未及时治疗，病变会进一步发展。眼部缺氧视网膜产生新生血管病就会引起玻璃体出血，繁殖性视网膜病变、牵引性视网膜脱离、继发性青光眼，导致永久性失明。

虾青素可以显著提高血管的抵抗力，恢复血管内、外渗透压失去的平衡，降低血管的渗透性，抑血管中物质的渗出，保证血管的完整性，让眼睛得到充分的血液供应。同时，可以防止自由基和眼睛胶原蛋白的结合而造成损害，加强视网膜胶原结构，从而提高各种视网膜病变的治疗率，改善、恢复因此导致的视力丧失。

预防心脑血管疾病

临床医学研究表明，低密度脂蛋白（LDL）的氧化是导致动脉硬化的重要原因，而高密度脂蛋白（HDL）与冠心病的危险性呈负相关，高 HDL 含量能预防动脉粥状硬化。通常 LDL 以非氧化状态存在，LDL 的氧化加速了动脉粥状硬化的发生。补充抗氧化剂能够降低动脉硬化的危险，流行病学和临床数据表明，通过膳食补充抗氧化剂能在一定程度上预防心血管疾病。

在人类血液中，虾青素由极低密度脂蛋白（VLDL）、LDL 和 HDL 胆固醇携带，虾青素可以通过降低低密度脂蛋白和甘油三酸酯、提高高密度脂蛋白改善血液的脂质成分。这在人体试验和动物试验中都已得到了验证（图 11）。

早些时候对大鼠进行的一个试验证明了虾青素可以增加高密度脂蛋白即有益胆固醇，之后对高胆固醇的兔子进行的试验同时测试了虾青素和维生素 E 的作用。这次的试验发现两种补充成分，尤其是虾青素都能改善动脉中斑块的稳定性。所有喂养了虾青素的兔子都被归为"早期斑块"组，与饲喂维生素 E 的组及对照控制组区分开来。第三个动物研究是最近用大鼠进行的试验，这次的试验显示虾青素在提升了高密度脂蛋白的同时还降低了血液中的甘油三酸酯和未脂化的脂肪酸。

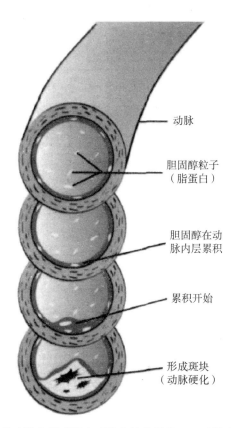

动脉

胆固醇粒子
（脂蛋白）

胆固醇在动脉内层累积

累积开始

形成斑块
（动脉硬化）

图 11　健康动脉血管到阻塞动脉血管的转化——动脉斑块的形成

在日本进行的试管和人体临床试验，都发现了虾青素对低密度脂蛋白具有非常重要的作用。体外试管试验显示不同剂量虾青素可以推迟低密度脂蛋白的氧化时间，然后重复进行为期十四天的人体试，每天服用 1.8 ~ 21.6mg 不等的虾青素剂量。这次的研究试验发现四种剂量都能有效地推迟低密度脂蛋白的氧化滞后时间，每天 1.8mg 剂量延迟 5%，每天 3.6mg 剂量延迟 26%，每天 14.4mg 剂量延迟 42%，每大最高剂量 21.6mg 延迟 31%。这说明控制血脂成分含量需要的最佳虾青素剂量要远低于每天 21.6mg；研究人员最后得出的结论是使用虾青素能够抑制低密度脂蛋白的氧化进而达到预防动脉硬化的效果。

还有一项人体临床试验是在东欧针对那些高胆固醇人群进行的。试验主体每天补充 4mg 的虾青素并连续使用 30 天。试验结束时，补充服用虾青素的人群平均胆固醇含量降低了 17%，低密度脂蛋白总量降低了 24%。

虾青素对心血管健康的潜在功效虽然只进行过临床前动物研究试验，但是结果却非常理想。一组日本的研究人员曾经进行了高血压大鼠的三个单独试验：第一个试验，研究人员发现连续 14 天补充虾青素使高血压大鼠的血压明显下降；而血压正常的大鼠的血压没有下降。他们还发现有中风倾向的大鼠在补充使用虾青素五周后不但血压下降而且中风征兆也不断延迟。

种种试验得出的总结是"虾青素对预防高血压和中风以及改善动脉管痴呆患者的记忆力都有益处。"这个研究试验范围非常广泛并且也开创了虾青素功效的新天地，因此，同一组研究人员于同年进行了另一个研究试验。

第二个研究试验再一次研究了虾青素对高血压大鼠的功效，但是试验的目标同样是弄清楚虾青素对高血压的机制原理。结果他们发现虾青素降血压的作用原理可能是源于虾青素对一氧化氮的调节作用。一氧化氮也是诱发炎症的一个因素；因此虾青素在调节一氧化氮控制炎症的同时也控制了血压。该研究试验还进一步研究了虾青素对心脏紧缩的影响作用，心脏的紧缩是通过各种外界因素诱发的，结果发现虾青素改善了这些诱发因素，说明了虾青素可以减轻心脏病突发导致的一系列后果。该研究试验得出的结论是虾青素有助于改善高血压患者的血液流动，可以改善动脉血管舒张。

2006 年，日本的自然医学研究院开始了另一个著名的研究试验。这次的试验是用血压高的大鼠，结果证明虾青素降低了大鼠的血压。这个研究试验中还有一个有趣的发现是虾青素对糖尿病关键指示因子的积极影响作用。

还有一项人体研究是和这个抗高血压的动物研究以及血脂研究相关的，研究中让试验主体每天补充 6mg 的虾青素，但只补充十天。十天末，补充了虾青素的试验组显著改善了血液流通。

由另外一组日本科学家在日本京都医科大学进行了一个不同种类的关于强壮保健心脏的动物研究试验，该研究试验结果发现那此饲喂了虾青素的小鼠在跑步机上跑至筋疲力尽时比对照组的小鼠的心脏经受的损伤较小检查后，显示虾青素主要集中在小鼠的心脏。由此得出结论虾青素可以同时减轻运动对骨骼肌肉和心脏造成的损伤。

在美国威斯康星州的医科学院进行的另外一个大鼠研究试验显示了虾青素对心脏的保护功能。在这个研究试验中，对心脏病突发前的大鼠提供虾青素，结果发现虾青素撇著地减少了心脏梗塞的区域形成和心脏病突发给心脏造成的损伤（图 12）。

美国夏威夷檀香山的一组研究人员，他们一直致力于研究种独特的、注射递送方法，把虾青素添加到一种心血管专利处方药中。第一个研究中他们使用了大鼠为研究模型，而第二个研究试验中使用了狗，结果都很理

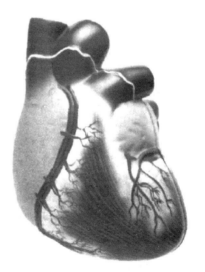

图 12　人的心脏——虾青素通过多种方式进行保护

想："这些试验结果说明虾青素在啮齿类和犬类动物中都有保护心脏的功效；因此，虾青素可以作为预防心肌损伤的一种强效新方法"。

抗炎作用

各类抗炎药的名声都很差：例如阿司匹林会导致胃出血，扑热息痛会导致肝损伤，还有强效止痛药的环氧化酶－2抑制剂，如伟克适（Vioxx）和西乐葆（Celebrex）等等，这些都会对服用者造成非常大的副作，如诱发心脏疾病。

事实上大多数的抗炎药都有潜在的、危险的副作用。《美国医学期刊》报道，每年由于服用非甾体抗炎药（NSAID's）导致几乎一万六千五百人死亡和十万多人患病住院。《新英格兰医学期刊》得出数据发现服用非甾体抗炎药导致的死亡案例和因艾滋病（AIDS）而死亡的数量大致一样。

很多患有关节炎的患者都会服用葡萄糖胺和软骨素，但是经过验证这些产品只对很少部分试用的患者有帮助。为此，进行了一项大规模的试验研究，试验主体分三组：①只服用1500mg的硫化葡萄糖胺；②只服用1200mg的软骨素；③同时使用硫化葡萄糖胺和软骨素。结果表明他们和未服用任何产品的对照组主体没有明显的统计一学上的差异。有一点要指出就是研究过程中由中等和严重疼痛患者构成的子群试验主体，试验结果表明人部分主体的疼痛程度减缓了至少20%，但是总体的研究结果还是否定了葡萄糖胺和软骨素的药用功效。既然这样，那么如果一个人患有关节炎、肌键炎或者仅仅是普通的疼痛该怎么办呢？他们应该试一试天然虾青素。80%以上的关节炎患者使用虾青素后都有所改善。

一项对247位虾青素使用者进行的问卷调查显示："对于那些骨关节炎或风湿性关节炎引发的后背疼痛或症状，经报道在使用了虾青素以后有80%都明显改善，根据报道补充虾青素还可以改善哮喘和前列腺肿大的症状，上述的所有症状情况都有一种和氧化性损伤密切相关的炎症成分存在。"（Guerin, et al, 2002）

虾青素或许不像伟克适（Vioxx）一样见效快又明显，但它却是一种安全的、纯天然止痛替代品。对于大多数人来说，可能只有在服用虾青素2~4周后才能显现它在减缓疼痛、增强力量以及提高灵活性方面的益处，甚至有25%的使用者在这期间效果更弱或者根本没有效果。其实这就是天然疗法的特点，它们不像处方药那样药效强，因此也不会药到病除，并且鉴于每个人新陈代谢以及体质的不同，并不能保证其对所有的使用者都那么有效。在针对抗炎功效的多种临床研究中，证明了天然虾青素对大多数人都是有效的，但是也不能排除有些人得不到预期的效果。换句话说，即使是伟克适（Vioxx）和西乐葆（Celebrex）这样的处方药以及那些非处方药（OTC）如阿司匹林和泰诺林也不能保证对所有的人都有效。况且，它们还会给服用者带来危险的副作用。相反地，天然虾青素的使用还从未出现过任何消极的副作用或者禁忌症状。人们即使服用超过虾青素建议量每天 4 ~ 12mg 的百万倍，最多也只会在手掌心或者足底出现淡淡的橙色，并且这种现象也是由于堆积在皮肤中的虾青素着色的效果，而且我们也会发现这是一个好现象，因为这可以发挥虾青素作为口服防晒剂的作用。

炎症的概念

炎症是对我们的存活至关重要的因素，是我们的身体抵抗感染和修复损伤组织的一种免疫反应，炎症本身是个复杂的物理和生化过程。基本上，炎症是当我们的身体出现了某种病状而触发的一个自行修复、治愈的过程。如果有害的细菌或者病毒侵害了我们，我们身体内的炎症系统就会开启并进行反抗；再如果我们扭伤了脚踝，我们的炎症系统也会开启并修复损伤的组织。如果没有了炎症系统，我们很快就会死（图 13）。

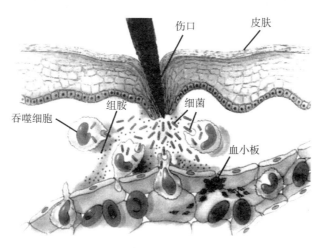

图 13　人体炎症反应的示意图

炎症会以多种不同的形式体现，例如我们扭伤脚踝以后出现的肿胀就是炎症的表现；再者关节炎患者的关节显红色也是一个炎症的表现；甚至太阳晒斑也是一个炎症的表现。当太阳的紫外线开始损伤我们的皮肤细胞时，我们体内的炎症系统就会开启继而出现皮肤变红的现象。

对人体炎症反应更深一步的讨论和研究超出了本书的内容范围，那是一个极其复杂的过程。上面的内容也对这个过程进行了主要的回顾。我们身体的大部分组织内都有称作"肥大细胞"的细胞，肥大细胞也是炎症的关键引发者并且会释放出人体有效的炎症因子。这些炎症因子会聚集、吸引白细胞或者激活已经聚集的细胞产生更多的炎症因子。

炎症因子有很多种，其中我们了解和知道的有组胺、肿瘤坏死因子-α和活性氧。例如，一氧化氮、过氧化氢、白细胞介素和前列腺素。前列腺素是花生四烯酸（AKA）在环氧化酶-1和环氧化酶-2的作用下生成的。正如我们前面讲到的，处方抗炎药伟克适（Vioxx）和西乐葆（Celebrex）都是效力强的环氧化酶-2抑制剂。另一方面，阿司匹林并不是一种特定的环氧化酶抑制剂，因为它同时控制环氧化酶-1和环氧化酶-2。虾青素和这些产品有很大的不同，因为它对很多种不同的因子都有效，只不过效力的发挥更温和一些，也不像处方药那么迅速。这也是虾青素具有无任何副作用的有效抗炎作用的原因。

机制原理

虾青素由于具备抗击炎症的多种体现方式成为一种非常独特的抗炎产品。已经进行了很多人体体外和体内的试验来探究虾青素的抗炎机制原理，并且还通过几个双盲安慰剂组对照的人体临床试验对各种炎症状态下的原理进行了深层的验证。

虾青素的抗炎性与其强大的抗氧化活性密切相关，有很多抗氧化剂也都具有抗炎功效。在某种程度上，由于虾青素是最强效的天然抗氧化剂，所以就具有强效的抗炎作用。

虾青素可以抑制多种炎症因子，其中包括肿瘤坏死因子-α（TNF-α）、前列腺素E-2（PGE-2）、白介素-1β（1L-1β）以及一氧化氮

（NO）。对老鼠进行的一个体外试验显示虾青素能够抑制肿瘤坏死因子－α、前列腺－2、白介素－1β、一氧化氮以及环氧化酶－2和核因子kB的产生。

同样在2003年，由来自日本北海道大学医学研究生院的研究员领导进行了另外一个研究试验。结果发现了类似的结果：虾青素可以减少一氧化氮、前列腺素－2和肿瘤坏死因子－α的产生。同时该试验还研究了虾青素对老鼠眼睛的抗炎功效：研究人员们在老鼠眼睛内促使诱发了眼色素层炎（内眼层包括眼虹膜的炎症），结果发现不同剂量的虾青素对眼睛具有不同强度的抗炎功效，直接通过阻碍一氧化氮合酶的活性来抑制一氧化氮、前列腺素－2和肿瘤坏死因子－α的产生。基本上，此试验证明了虾青素能够减轻多种眼部疾病的根源——眼部炎症，并且明确地说明了效用的机制原理。

抗炎作用机制原理的研究结果

对患有脂多糖（LPS）诱发炎症的老鼠进行的虾青素杭炎作用测定，测定根据的标准有肿瘤坏死因子和前列腺素E－2，同时与虾青素进行比较的还有抗炎药氢化泼尼松（Predn）（图14，图15）。

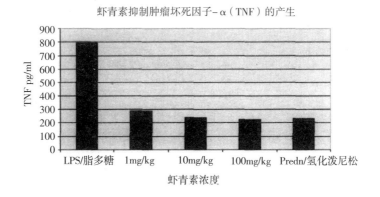

虾青素抑制肿瘤坏死因子－α（TNF）的产生

图14　肿瘤坏死因子

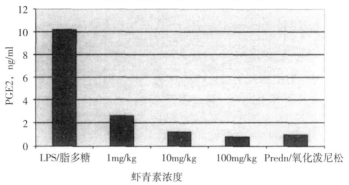

图 15　前列腺素 E－2

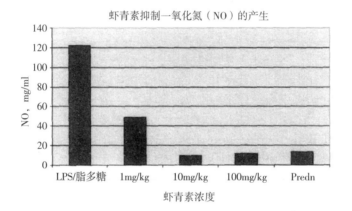

图 16　一氧化氮

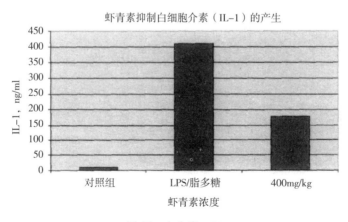

图 17　白介素－1β

　　图 16 显示了以一氧化氮含量为参照标准测定到的虾青素在患有脂多糖（LPS）诱发炎症的老鼠体内具有的抗炎性作用，并把虾青素与杭炎药氢化泼尼松（Pred）进行了比较。图 17 显示了以白介素 -1β 为参照标准测定到的虾青素在患有脂多糖（LPS）诱发炎症的小鼠体内具有的抗炎性作用。

　　虾青素抵抗炎症的另外一种方式是抑制环氧化酶（Cox -1 和 Cox -2）。正如我们之前提过的，伟克适和西乐葆都是非常强的环氧化酶 -2 抑制剂，它们的高强度功效会导致有害的副作用，如 2004 年公布的心脏问题。李（Lee）等人验证了虾青素具有抑制环氧化酶 -2 的功效，但是微藻来源的天然虾青素的生产商希望对这个重要的问题有更深的了解。他们想证实天然虾青素的环氧化酶 -2 抑制功效明显不同于那些处方药，效用的发挥不会那么集中、强烈。他们和一家非常受人敬重的第三方实验室签订了合同对药物西乐葆和天然虾青素进行了关联分析。实验室分析结果显示西乐葆在抑制环氧化酶 -2 的效力方面比天然虾青素要强 300 多倍；但是在环氧化酶 -1 的抑制力方面两者相差不大，西乐葆只比天然虾青素强 4.4 倍。每种产品对环氧化酶 -2 和环氧化酶 -1 的抑制率比值都是明显不同的，例如西乐葆的抑制率比值是 78.5，而天然虾青素的比值只有 1.1。这也说明了天然虾青素对环氧化酶 -2 和环氧化酶 -1 的抑制能力差不多。如果想要更好地了解两者巨大差别的总体影响还需要更多的研究试验，但是可以得到的合理结论就是西乐葆和伟克适之所以见效更快是因为它们更着重于环氧化酶 -2 的抑制，但这也就带来了危险的副作用。相反地，天然虾青素见效慢一些，却没有任何副作用。"普通的抗炎药都是通过阻止单独的目标分子来有效减弱它的活性，而天然的抗炎药都是逐渐削弱一系列的炎症化合物。事实上，你削弱五种炎症因子 30% 的活性要比削弱一种炎症因子 100% 的活性还能得到更大的安全和健康功效"。在对所有的阿司匹林、扑热息痛、处方抗炎药以及天然虾青素进行了测试分析之后，很显然天然虾青素才是你唯一明智的选择。

"无征兆"炎症和 C 反应蛋白

零星不断的炎症是一种正常健康的反映，而慢性长期的炎症则会危及生命。慢性炎症会导致身体组织损伤和很多严重的疾病。科学家们最近一直在对那些很多人体内存在、但却知之甚少的慢性、低程度炎症即所谓的全身性炎症或无征兆炎症进行研究。"十多年前，研究人员把从癌症到心脏病的所有问题都归咎于氧化性损伤；而现在，慢性、低程度的炎症也成为公众关注的焦点。美国塔夫斯大学的神经学科学家詹姆士·约瑟夫表示'炎症和氧化都是一丘之貉。你一旦找到了一个就会发现另一个'。这不仅包括非常明显的炎症像哮喘和类风湿关节炎，还包括之前从未和炎症联系到一起的疾病例如动脉硬化症、阿兹海默痴呆症、肠癌以及糖尿病"。

与无征兆炎症相关的疾病数量多得令人震惊：心脏病、中风、癌症、糖尿病、阿兹海默痴呆症、帕金森综合征、哮喘、类风湿性关节炎、溃疡、肠易激综合征等等。当我们感觉很棒、非常健康的同时，无征兆炎症正在慢慢地侵蚀我们的身体并最终导致各种致命的疾病。

无征兆炎症已经逐渐成为主流媒体关注的一个热点话题。在二十世纪九十年代，我们频频听到的还是关于氧化和自由基的话题，但是在我们这个新世纪，长鸣耳边的话题已经变成了炎症。事实上这两个问题是密切相关的，并且全力以赴的对抗它们对我们是非常重要的。

长期健康的倡导者、炎症研究基金会的会长巴里·希尔斯博士最近写了一篇关于无征兆炎症的有名文章，他说："假如在短时间内，某种情况足以毁灭整个美国保健体系将会怎样？美国所有的政客都会就此进行演讲，将出现整体医疗总动员进行反抗：然而不幸地是，这样的情况确实存在，却没有人对此表示关心。这种情况就是'无征兆炎症'，与普通炎症不同之处在于我们的感官不能感觉到它所导致的疼痛。结果没有人对它采取任何阻止措施，它持续存在多年，结果对心脏、免疫系统以及大脑造成破坏。"希尔斯博士从中指出美国人患无征兆炎症的人数最多，几乎 75% 的美国人都因它饱受折磨。他还表示没有一种药物可以击败无征兆炎症，"但是却有抗炎类的膳食和饮食补充剂能够做到"。

　　检测无征兆炎症的最普通方法就是对血液中一种叫做 C 反应蛋白（CRP）的物质进行测定。2003 年，美国心脏协会和疾病预防控制中心召集了一组专家建议用测定血液中 C 反应蛋白的方法来评定患心脏病的风险。一些主要机构例如哈佛大学的研究人员都已经对外公布相对于胆固醇含量测试，C 反应蛋白是评定心脏疾病的一个更加可靠的指数。C 反应蛋白在肝脏和冠状动脉中产生，当身体与炎症对抗的时候就会释放到循环的血流中。C 反应蛋白是炎症活动的一个标记，但它本身不会诱发炎症。

　　2006 年进行的一项人体临床研究分析了天然虾青素对血液中 C 反应蛋白含量的影响效果，该研究是由一家专攻营养药物临床工作的第三方调查公司在加利福尼亚州的健康调查研究中心进行的。该项研究是由吉恩·斯比勒博士领导进行的，斯比勒博士在此之前已经完成了天然虾青素的初期工作，事实上主要研究了天然虾青素对各种炎症效果，这个研究试验过程采用了很小量的样品并且一共有三十五个试验主体完成整个试验。整个试验持续了八周，其中有十六名试验主体使用了天然虾青素，还有九个使用的是安慰剂。试验开始前以及试验结束时分别对试验主体血液中的 C 反应蛋白含量进行了测定，结果非常理想：仅仅八周的时间，使用了虾青素的试验主体出现了平均 20.7％的 C 反应蛋白降低，而安慰剂组的试验主体 C 反应蛋白含量的却增加了。

　　2006 年还公布了天然虾青素对 C 反应蛋白效果的另一个研究试验，但不是发表在一个令业内人士阅读的杂志上。该研究试验特定选择了一些体内 C 反应蛋白含量高的风险试验主体进行三个月试验，43％使用虾青素的试验主体的 C 反应蛋白含量大量减少，进而从高风险进入平均风险状态。相反地，安慰剂组的试验主体仍然处于高风险状态。试验继续进行，以便进一步获得更长期的分析结果，三个月后的试验结果也确实非常理想：通过在饮食中补充天然虾青素，几乎有一半的试验者都由高风险的状态恢复到了正常的 C 反应蛋白含量水平。

　　科研人员研究调查了雨生红球藻虾青素对人类健康的影响，并与其他 26 种著名的抗炎药物效果进行比较。结果显示，虾青素使各种急慢性炎症患者健康状况提高了 85％，与调查中的 92％的抗炎药物有同等的效果或更高；和包括阿司匹林在内的 62 种非处方抗炎药相比，虾青素与其中 76% 的药物具有同等的效力或更好。这些结果均说明，虾青素的抗炎作用使其可作为一种营养和功能性保健食品，用于治疗和预防由炎症引起的多种疾病。

富含虾青素的雨生红球藻藻粉，能明显降低幽门螺旋杆菌对胃的附着和感染，为此国外已开发了虾青素口服剂作为抗胃病感染制剂。虾青素酯还具有抗感染药物配合剂的作用，与阿司匹林同联用可加强后者的药效。

预防和治疗糖尿病及其并发症

古人称糖尿病为"消渴症"，多患于帝王将相、才子佳人、巨商大贾，故又被称为"富贵病"。相传，汉武帝晚年曾患消渴症，清朝末年，慈禧太后亦患有糖尿病。《史记》记载，西汉大辞赋家也司马相如也患有糖尿病，唐朝诗人杜甫更是因为糖尿病而死。

早在公元前 400 多年前，我国最早的医书《黄帝内经·素问》及《灵枢》中就对糖尿病症状表现有过记载。汉代名医张仲景《金匮要略》的消渴篇对糖尿病"三多"症状已有过详尽的描述。

中医学认为糖尿病是由遗传因素、免疫功能紊乱、微生物感染及毒素、自由基毒素、精神因素等各种致病因子作用于机体导致胰岛功能减退、胰岛素抵抗等而引发的糖、蛋白质、脂肪、水和电解质等一系列代谢紊乱综合征。临床上以高血糖为主要特点，典型病例可出现多尿、多饮、多食、消瘦等表现，即"三多一少"症状。

糖尿病主要被分为两类：1 型糖尿病和 2 型糖尿病。

1 型糖尿病多发生于青少年，因胰岛素分泌缺乏，依赖外源性胰岛素补充以维持生命。1 型糖尿病的病因主要是自身免疫系统缺陷。究其根本，遗传缺陷是 1 型糖尿病的发病基础。

2 型糖尿病多见于中、老年人。其胰岛素的分泌量并不低，甚至还偏高，临床表现为机体对胰岛素不够敏感，即胰岛素抵抗。

现代医学证明，无征兆炎症能够诱发糖尿病，而天然虾青素则是通过预防无征兆炎症，预防糖尿病和阻止糖尿病并发症。如：糖尿病肾病损

害，糖尿病脑病，糖尿病足，糖尿病心脏病，糖尿病眼病等。

虾青素可预防糖尿病患者的肾部疾病。研究发现，虾青素可保护处于高葡萄糖含量中的细胞。血糖含量高，就具有高氧化压力。高血糖含量和高氧化压力与糖尿病并发症相互关联，最常见的为糖尿病肾病。并且，虾青素还能阻止和修复因过氧化物受损胰岛 β 细胞，而胰岛 β 细胞控制人体胰岛素的分泌和活性。故此，虾青素对于糖尿病患者来说意义非凡。

接下来要看的四项研究试验都是在日本京都大学的自然医学研究院进行的。第一项试验研究了一种患有糖尿病和肥胖症的小鼠，即 2 型糖尿病患者的代表；试验证明虾青素显著地降低了小鼠的血糖含量，并且试验结果进一步验证饲喂虾青素的试验组维持了它们积累胰岛素的能力。结论是："这些试验结果说明虾青素对糖尿病有好的功效，并能保护 β–细胞的功能"。

糖尿病能够消极地影响身体的很多器官，尤其能够引发肾功能失调进而造成一种叫做糖尿病肾病。其中第二项试验使用的小鼠还是和试验相同的肥胖型患糖尿病小鼠，主要对虾青素有益于肾脏的功效进行了研究。研究结果表明："试验进行了十二周后，使用虾青素的试验组要比对照组的小鼠的血糖含量较低。虾青素的使用改善了 2 型糖尿病患者的糖尿病肾病。试验结果说明虾青素的抗氧化活性减弱了肾脏受到的氧化压力进而预防了肾脏细胞的损伤。总之，虾青素可能会成为预防糖尿病肾病的一种新方法"。

第三个关于糖尿病的研究内容在之前虾青素有益于心脑血管部分中曾经提过，这个试验的对象是大鼠。结果表明 22 周之后，虾青素降低了大鼠的血压并且改善了体内胆固醇和甘油三酸酯的含量，同时血糖含量也有所降低，再者空腹血糖含量及胰岛素抵抗力也出现了显著下降，胰岛素敏感性指数有所改善。有一点非常引人注意的是虾青素确实使脂肪细胞变小了。"这些试验结果说明虾青素通过增加葡萄糖的吸收量和调节循环脂质代谢物和脂联素的含量改善了胰岛素的抵抗力"。

来自韩国釜山女子学院和日本富山大学的研究人员表示，虾青素对糖尿病肾病患者的氧化压力、炎症和细胞凋亡均显示出高效的调整作用。因此，认为虾青素能够作为抗糖尿病的有效的、功能性增补剂。研究人员表示，高血糖条件下，许多分子被破坏，包括 DNA、脂肪酸过氧化产物以及晚期糖基化末端产物 AGES，这是导致糖尿病并发症的重要原因。而研究发现，虾青素可以在一定程度上修复受高血糖影响的异常病变细胞，使其病变速度减慢。虾青素能有效的抑制脂肪酸过氧化反应、总活性粒子、过氧化物和一氧化氮的含量。同时，抑制因炎症所引起的一氧化氮合成酶和环氧合酶 2 的生成及活性。

对此研究结果，研究人员表示，虾青素的生物活性，多是在细胞内进行体现，它渗透性具有重要的作用。结合其他研究资料可以断定，虾青素在细胞内可聚集足够的浓度，发挥抗氧化能力、抑制氧自由基对细胞的破坏、起到抗炎和减缓细胞的死亡等作用。

维护中枢神经系统的健康

关于虾青素针对大脑的研究试验结果却也常理想。在日本的传统医药国际研究中心对啮齿类动物进行的一系列试验表现出很大的研究潜力。在第一个试验中，高血压的大鼠通过服用虾青素血压大大降低；血压是很多种疾病包括一些和眼睛、大脑相关疾病的致病因素。研究人员接下来又对有中风倾向的大鼠进行了虾青素效果的试验，他们发现在连续补充使用了五周的虾青素后，延缓了中风发病率。然后研究人员又对这些结果估计了可能的原理，即他们认为的一氧化氮得到了抑制。

相同的试验研究继续进行对缺血小鼠进行了神经保护作用的研究，所谓的缺血就是指大脑中由于受到动脉血流的阻碍而出现了供血不足的情况。在该试验中的缺血小鼠都阻碍了其颈动脉；如果是人体试验，这种状态可以通过动脉内的斑块沉积，阻碍经过颈动脉流向大脑的血流实现。斑块的沉积可以导致多种疾病包括中风和各种各样的痴呆病症。

试验中只在缺血状态前一小时对小鼠饲喂一次虾青素，结果该试验组得到了显著的结果，饲喂了虾青素的小鼠在设计的一个学习测试型迷宫中，表现相对较好。"这种试验结果说明虾青素可以阻止高血压的继续发展并有助于预防大脑中风和缺血。除此之外，相对较高剂量的虾青素还表现出保护神经系统的功效，主要是通过预防缺血导致的记忆损伤来实现；这种作用效果根据提示主要归功于虾青素显著的抗氧化性能，能够抵抗缺血产生的自由基以及大脑和神经病态。目前已有的研究结果说明了虾青素可能对改善血管性痴呆患者的记忆力有很好的效果"。看起来虾青素确实能够通过改善记忆力使这些通向大脑血流受限的小鼠变聪明。

《英国营养学杂志》发表的研究论文断定，补充虾青素的对阿尔茨海默痴呆症的进展有积极影响。阿尔茨海默疾病的显着标志之一，就是磷脂氢过氧化物（PLOOH）在血液中的急剧扩散。大脑中含量超标的磷脂氢过氧化物，可以破坏神经结构，造成与阿尔茨海默痴呆症相关的基因片段损伤。

研究发现，每日补充 6～12mg 的虾青素 12 周，PLOOH 的血浓度降可低 50%。虾青素可以很容易地穿过血脑屏障，大幅降低磷脂氢过氧化物对神经系统和相应基因的氧化损伤，从而有效的治疗阿尔茨海默痴呆症。

从事这项研究的人员表示："补充虾青素能改善红细胞抗氧化状态和磷脂过氧化氢的水平，这可以帮助预防老年痴呆症。"每日只要补充虾青素 4～12mg，就能在很大程度上保证心脏和大脑健康。

该研究试验的显示意义非常令人兴奋，因为老年人群阿兹海默痴呆症、中风患者以及其他因素导致的痴呆患者的人数越来越多。还需要对人体进行进一步的研究以便充分了解虾青素的潜在功效和益处，但是这些临床前的试验也有力地说明了虾青素可以帮助很多大脑疾病患者改善生活质量。

该项研究也证明了虾青素可以预防缺血造成的大脑损伤。日本的一家公司在这个领域进一步在大鼠身上进行了研究。研究过程中饲喂大鼠两次虾青素：一次是在缺血前的 24 小时，另一次是在缺血前一小时；血流停止的时间为一个小时，在此之后重新向大脑运输血流。大鼠重新获得大脑供应血流后又进食了一次虾青素，两个小时之后，就作为牺牲品取出大脑。把这些大脑同对照组饲喂橄榄油的大鼠大脑相比较结果发现饲喂了虾青素的大鼠大脑损伤程度比对照组要轻 40%。

尽管关于虾青素对大脑功效益处的研究迄今为止主要是临床前的，但是结果却显示对人体有非常大的潜在益处。虾青素能够穿越血脑屏障和血视网膜屏，一旦进入了大脑和眼睛，虾青素极强的抗氧化和抗炎性能肯定会对这些重要的器官大有益处。

延缓衰老、保护细胞

在线粒体中，链式氧化反应产生细胞所需的能量，同时也产生大量的自由基。自由基损伤体内组织进而会消极影响免疫系统。它们削弱、破坏细胞和细胞里的脱氧核糖核酸（即 DNA）。科学家们相信 DNA 受到损害是人衰老的一个主要原因。DNA 是一种奇妙的物质，它能指令细胞何时分解、如何生产酶和其它蛋白质以及指导其它细胞的活动。如果 DNA 受到了损伤，细胞就无法正常发挥作用进而导致一系列潜在的问题和疾病。当然可以修复损坏的 DNA，但修复工作有时会存在缺陷——最糟的情况是会产生癌细胞系。我们身体的免疫系统有时候能够检测并清除这些癌细胞系。最好的办法还是防患于未然，起初就防止 DNA 受损伤。抗氧化剂有助于抑制自由基，避免细胞受到损伤。

抗氧化剂能够清除自由基，有助于延缓人体的衰老。最近华盛顿大学做了一些令人惊奇的研究，对小鼠进行基因改造，在细胞的线粒体里载入一种抗氧化剂。这些小鼠的寿命比对照组的延长了 20% 并且患心脏病和白内障的几率也降低了。简而言之，它们生理上更年轻了，这是抗氧化剂能延缓衰老的最好证明。

这种抗氧化剂就是天然虾青素。实验中，虾青素有效防止了大鼠肝脏线粒体的体外过氧化，其效率是维生素 E 的 100 多倍。这显示了虾青素保护线粒体和抗衰老的特性。虾青素保护细胞膜的强大作用主要来自于它在膜内及表面的抗氧化能力，因为虾青素的多烯烃链和末端环状结构使细胞膜刚性增加，同时改变了细胞膜的透性。抗氧化剂，尤其是类胡萝卜素及其衍生物对保护细胞的健康非常重要，不仅因为它能防止细胞内物质的氧化，而且在调节基因表达和诱导细胞间信息传递过程中起着重要作用。类胡萝卜素及其衍生物是细胞间隙连接中信息传递的活跃诱导物。细胞间隙连接能进行调节细胞生长所需的信息交流，更重要的是能抑制癌细胞的扩散。

增强免疫作用

有关天然虾青素在增强免疫功能方面的效果进行了一系列试验，结果颇为理想。在二十世纪九十年代，城之内博士（Jyonouchi）和几位合作伙伴先是在南佛罗里达大学，后来又在明尼苏达州的医科学校负责进行了一系列相关的研究试验。第一个试验是用小鼠和羊进行的体外血液试验。其中虾青素同 α-胡萝卜素相比，虾青素具有免疫调节方面的功效，而 α-胡萝卜素没有。"这些结果说明类胡萝卜素的免疫调节作用不一定和维他命原 A 的活性有关，因为虾青素虽然没有维他命原 A 的活性，但却体现出更明显的免疫调节作用"。1993 年进行的一项研究跟踪调查了虾青素免疫调节作用的原理，结果发现这和依赖 T-细胞抗原的抗体增强有关。

次年，城之内博士又进一步在活鼠身上对这些体外的效果进行了研究，并把虾青素的效果同时和 β-胡萝卜素以及叶黄素进行比较。结果显示三种类胡萝卜素都有显著的免疫调节作用，但在一个老龄鼠的试验组中，虾青素在同类中脱颖而出。同叶黄素和 β-胡萝卜素相比，虾青素更能增强小鼠恢复部分抗体的产生能力。

虾青素和类胡萝卜素对小鼠淋巴细胞体外组织培养系统的免疫调节效应，结果表明类胡萝卜素及其衍生物的免疫调节作用与有无维生素 A 活性无关，虾青素表现出更强的作用。体外实验表明，虾青素可显著促进小鼠脾细胞对胸腺依赖抗原（TD-Ag）反应中抗体的产生，提高依赖于 T 专一抗原的体液免疫反应。人体血细胞的体外研究中也发现虾青素和类胡萝卜素均显著促进 TD-Ag 刺激时的抗体产生，分泌 IgG 和 IgM 的细胞数增加。

此系列实验下一步，是用志愿成年人的血液和新生儿脐带血进行的体外研究。试验同时测试了 β-胡萝卜素和虾青素是否能增加血液中的免疫指标。结果显示 β-胡萝卜素没有这方面的效果，而虾青素增加了两种不同免疫球蛋白的含量。

此系列的最后一项试验研究了虾青素和其他几种类胡萝卜素的免疫强

化能力同其他所有的类胡萝卜素包括叶黄素、番茄红素、玉米黄素和角黄素相比，等剂量虾青素的免疫强化能力更强。虾青素可以抑制 γ 干扰素的生成，增加抗体分泌细胞的数量。在另外一个测试中，只有虾青素和玉米黄素表现出积极的效果。研究人员得出的结论是："该研究试验第一次显示了虾青素，一种没有维他命原 A 活性的类胡萝卜素，通过对依赖 T 细胞的刺激反应，也可以提高人体免疫球蛋白的产量"。

同年，其他研究人员在日本进行了类似的研究，再次对虾青素、β - 胡萝卜素和角黄素进行了试验。再次证明虾青素增强了两种免疫球蛋白，角黄素作用效果适中，而 β - 胡萝卜素即使在很高的剂量时效果也很弱。增强了炎症标记因子如：肿瘤坏死因子 α（TNF - α）和白细胞介素 α（IL-1α）的释放。总结出三种类胡萝卜素导致细胞因子活性的能力顺序为：虾青素 > 角黄素 > β - 胡萝卜素。"这些结果说明类胡萝卜素例如 β - 胡萝卜素、角黄素和虾青素都有一定的免疫调节活性可以增强鼠科类动物免疫细胞的繁殖生成和功能"。

虾青素在免疫方面的功效还可以通过一个幽门螺杆菌的试验证明，幽门螺杆菌是感染人体胃部的一种细菌，可以诱发癌症。在一个特别的研究试验中，研究作者表示"不管是体内的还是体外的，都证明了维生素 C 和虾青素不仅是自由基的清除剂，还是幽门螺杆菌的抗菌剂；研究试验证实了虾青素改变了幽门螺杆菌的免疫反应。由于虾青素确实可以改变免疫反应，因此可以有效地减少幽门螺杆菌，进而有助于预防胃部特有的癌症及其他胃部疾病的发生。

华盛顿州立大学的楚博士也一直在研究虾青素对免疫系统的作用。他首先研究了虾青素是如何在小鼠体内促进免疫的，结果发现虾青素和 β - 胡萝卜素都能够增强小鼠脾内淋巴细胞的功能，而角黄素没有这样的功能。他还发现虾青素比 β - 胡萝卜素还有另外一个积极的作用，那就是能够增强淋巴细胞毒素的活性。

证实了虾青素在小鼠体内增强免疫系统的功能之后，楚博士又转向了虾青素在人体免疫系统方面的作用。在一个双盲的有安慰剂组的人体临床试验中，楚博士和他的研究团队证明了虾青素是一种非常强效的免疫系统推动剂，该试验研究显示虾青素能够：

刺激淋巴细胞的扩增；

增加能够产生 B 细胞的抗体总量；

生产更多的 T 细胞；

增强天然杀死细胞毒素的活性；

显著增强迟发型超敏性的反应；

有效地减轻 DNA 的损伤。

虾青素可以通过多种方式支持人体健康的免疫功能。正如虾青素可以通过多种渠道对抗炎症一样，也可以通过诸多渠道和方式增强免疫力。

楚博士和朴博士共同写了一篇题为《类胡萝卜素对免疫反应的作用》的总结性文章，高度评价了虾青素对肿瘤免疫作用的优势。他们在文章中指出"尽管虾青素、角黄素和 β-胡萝卜素都能抑制肿瘤增长，但是虾青素抵抗肿瘤的活性作用最强"。

防治癌症

首先，我们需要说明的是还没有证据证明虾青素能够预防人类患癌症或缩小肿瘤。但是却有足够的资料可以证实虾青素对动物有这方面的益处。严格地说，我们不能因为虾青素能帮助动物如啮齿类动物预防癌症和缩小肿瘤就暗示说它对人也有相同的作用；这些只是设计的临床前试验来验证这些可能性是否存在。但是根据 200 多例流行病学的研究试验发现饮食中富含天然 β-胡萝卜素的人群患癌症的概率较小，这一推理就变得更加合理：如果 β-胡萝卜素有助于预防癌症，而虾青素作为抗氧化剂其活性作用要比 β-胡萝卜素强 11～50 倍，那么很有可能虾青素在预防癌症的能力方面也要更强。事实上，我们知道的很多水果和蔬菜都有助于预防癌症，所以知道一种天然的植物补充剂如天然虾青素也有相同的功效特性不必这么惊讶。由于天然虾青素是一种浓缩的植物提取物，所以如果其效果比水果和蔬菜都好也不足为奇。

关于虾青素的抗癌研究一直都很有限，并且只是限于体外试验和动物实验研究。在一项体外研究试验中，把小鼠的肿瘤细胞分别放到了一种含虾青素的溶液中和不含虾青素的相同溶液中，一两天之后，发现放进虾青素溶液中的肿瘤细胞不但细胞数量减少而且脱氧核糖核酸（DNA）的合成率也较低。在另外一项小鼠肿瘤细胞的研究试验中发现不同虾青素剂量不同程度地降低了肿瘤细胞的繁殖率，最高达40%。有一个比较有趣的试验对虾青素和其他8种类胡萝卜素进行了研究，看哪种对抑制肝脏肿瘤细胞的增长最有效。结果发现虾青素在这个试验中超过了其他所有的类胡萝卜素。

经人体体外试验证明虾青素可以抑制人体癌细胞的繁殖，把人体结肠癌细胞分别放到含有虾青素的培养介质和不含虾青素的培养介质中，四天后发现经过虾青素接触的细胞其生存能力明显减弱；对人体前列腺癌细胞也进行了虾青素和番茄红素的研究试验，结果发现两者都对癌细胞有明显的抑制生长作用。

现在知道了虾青素在试管中有化学预防的功效，再看看它对小型哺乳动物的作用。在其中一项试验中，研究人员把肿瘤细胞移植到了小鼠身上，结果发现虾青素同样根据剂量的不同，不同程度地抑制了癌细胞的增生。还有一个类似的试验研究了虾青素在哪个阶段起积极作用。结果发现在接种肿瘤前的第一周和第三周补充虾青素时，肿瘤的增长受到了抑制；虽然如此，在接种肿瘤的同时补充虾青素时就观察不到这样的功效。该研究试验得出的结论是虾青素在肿瘤发育的早期阶段可能效果更好一些。研究人员对虾青素预防癌症的潜在功效非常感兴趣，指出能够发挥抗癌活性的虾青素在血液中集中的浓度含量是可以达到的；该研究试验还指出虾青素同化学治疗药物不同，虾青素使肿瘤变小的能力不是源于它的毒性作用。即使在饮食中含量达到了2%也不会诱发大鼠、小鼠和白融体内产生毒性。这些来自明尼苏达州大学医学院的研究人员支持的理论是虾青素的抗癌活性与免疫反应能力的增强有关。

其他的小鼠研究试验也获得了非常理想的结果，其中一项显示虾青素减弱了移植后乳肿瘤的增长，这个研究试验的有趣之处在于它把虾青素同时和其他两种类胡萝卜素：β－胡萝卜素和角黄素进行了比较。研究人员发现虾青素对乳腺肿瘤增长的抑制作用是与使用剂量有关的，并且比角黄

素和 β - 胡萝卜素的作用效果都要强。饲喂了 0.4% 虾青素的小鼠肿瘤内脂质过氧化反应的活性要比饲喂了角黄素和 β - 胡萝卜素的都低（$P < 0.05$）；结果显示三种类胡萝卜素都有积极的效果，但是虾青素效果最好。值得注意有趣的一点是角黄素和 β - 胡萝卜素这两种类胡萝卜素和叶黄素都存在于红球藻粉来源的天然虾青素中，但是类胡萝卜素复合物中主要的成分还是虾青素。还有一个有利的研究证明了虾青素能够抑制自发性的肝脏癌症；进一步的试验研究已经证明植入了致癌物质如苯并芘的小鼠如果饲喂了虾青素就有积极的作用，对照组小鼠患的两种具体癌症，在饲喂虾青素的小鼠组都得到了抑制。

之前也提到过，受到紫外线 A 和 B 辐射的无毛鼠通过摄入虾青素能够减少皮肤内促肿瘤生长物质的生成。在德克萨斯州退役老兵体检中心进行的相关研究表明虾青素和 β - 胡萝卜素都能预防小鼠体内由于紫外光线辐射诱发的癌症。

在日本岐阜医科大学进行的一系列小鼠和大鼠的研究试验证明虾青素和其他一些类胡萝卜素都是有效的抗癌成分。其中的一项试验还证实虾青素能够有效地减弱小鼠体内化学原因诱发膀胱癌的发生和扩展，在这个研究中同时对虾青素和角黄素进行了试验，结果发现角黄素的效果远没有虾青素那么明显。还有其他两项相关的试验证明了虾青素在大鼠的口腔和结肠内也有相同的功效，在致癌化学物质引入体内后能够减少癌症的发生和发展。最后，一些不同的研究还证明虾青素对大鼠肝脏癌也是非常有效的。

虾青素等类胡萝卜素对黄曲霉素 B_1（AFB_1 毒害机理）引发的肝致癌影响显著：给大鼠饲喂 β - 胡萝卜素、番茄红素（300mg/kg）以及过量的维生素 A，在其腹腔注射 AFB_1，同时也注射 3 - 甲基胆蒽（$6 \times 20mg/kg \cdot bw$），结果发现虾青素、β - 胡萝卜素及 3 - 甲基胆蒽在降低肝癌病灶的数目和大小方面效果显著，而番茄红素和过量的 VA 则无效。这是因为虾青素等对体内的 AFB_1 诱导 DNA 的单链断裂有降低作用，减少 AFB_1 和肝 DNA 及血浆白蛋白的结合，同时促进体外 AFB_1 代谢为另一种毒性较弱的黄曲霉毒素 M_1。给由二乙基亚硝胺或 a - 硝基丙烷引发肺肿瘤的大鼠饲喂 3 ~ 4 周的虾青素，可显著降低肺肿瘤病灶的大小与数目。

用虾青素饲喂实验大鼠和小鼠，能够明显抑制化学物诱导的初期癌变，对暴露于致癌物质中的上皮细胞具有抗癌细胞增殖和强化免疫功能的作用，而且存在剂量效应。给小鼠饲喂致癌剂同时补充虾青素，较对照组，各种口腔癌的发生率要低得多。虾青素组的结肠癌的发生率也显著降低（$P < 0.01$）。膳食中补充虾青素能抑制乳房瘤的增长，其抑制率超过50%，从而极大地降低了乳房癌的发病率，这种功能较 β - 胡萝卜素和角黄素都要强。前列腺增大主要是由 5α - 还原酶引起的，虾青素能够有效地抑制该酶的活性，因此，补充虾青素被视为防止前列腺增生和前列腺癌的有效途径。

是什么原理使虾青素能够预防癌症、又能缩小肿瘤呢？主要有三个机制原理：

（1）有效的生物抗氧化作用。

（2）免疫系统功能强化的作用。

（3）基因表达的调节作用。

说到调节基因表达的作用，很多人体的肿瘤细胞之间通过间隙连接进行的通讯都是不够的，这种细胞间通讯的改善就会减弱肿瘤细胞的繁殖，而虾青素就能够改善这种细胞间的通讯。

虾青素的抗癌功效还有下面各方面的原理在起作用：

● 虾青素对转糖苷酶的调节作用（Savoure，et al，1995）

● 虾青素对细菌内诱导突变物质代谢活化性的抑制作用（Rauscher，et al，1998）

● 虾青素在乳腺肿瘤细胞内的致凋亡作用（Kim，et al，2001）

● 对 5α - 还原酶的抑制作用（Anderson，M.，2002）

● 对 DNA 聚合酶的选择性抑制作用（Murakami，et al，2002）

● 对一氧化氮合酶的直接抑制作用（Ohgami，et al，2003）

虾青素与女性健康

女人一过 20 岁，就慢慢开始衰老，此时从容貌、皮肤、体型上还看不出端倪，但免疫系统和身体各个脏器已经开始慢慢的走下坡路。特别是现代白领女性的快节奏生活和一些不良的生活习惯更是加快了衰老的进程。很多女性疾病、中老年多发疾病在不经意中走进了你的生活。

1. 卵巢——女人的生命之源

身为女人，谁不羡慕光洁的肌肤，窈窕的腰身？谁不希望风华绝代，魅力逼人？可当年过三十，当皱纹与色斑在脸上悄然浮现，当一切的娇艳都成为曾经时，那是怎样的一种无奈。

更可怕的是伴随而来的失眠与焦躁，成宿不得好睡眠的结果不仅是黑黑的眼圈，深深的眼袋，还有焦躁的性情，莫名的哭泣、无端的恼怒、头痛、发痒、健忘……

而随时随地流汗的感觉更让自己紧张与难堪不已，不规则的月经，深色的且凝块状的，量多到有时会渗透衣服……容颜的即将逝去，事业上精力大不如前，一切的不顺意仿佛叠加在一起，让自己时常陷入一种长久的悲哀当中无法自拔……

其实这一切的变化，均源自卵巢。

卵巢是女性的性腺，它能产生卵细胞和分泌性激素，因此具有生殖和内分泌功能。①生殖功能：生育年龄妇女除妊娠和哺乳期外，卵巢每个月发生 1 次周期性变化并排出卵细胞，排卵多在月经周期第 14～16 天。卵细胞是由卵巢内卵泡分泌排出的，在数个卵泡的发育中，发育成熟的一般只有 1 个，因此，每个月只有 1 个卵子成熟。排卵后卵子存活数小时，此时，卵子如进入输卵管并遇到精子即受精成为孕卵（受精卵）。②内分泌功能：在卵巢的周期性变化中还同时伴有 3 种性激素的分泌，即雌激素、孕激素和极少量的雄激素，它们对机体有着重要的作用。

（1）雌性激素分泌减少，女人不再年轻：女性体内的雌激素和孕激素主要由卵巢合成、分泌。在卵泡开始发育时，雌激素的分泌量很少，随着卵泡渐趋成熟，雌激素的分泌也逐渐增加，于排卵前形成一高峰，排卵后分泌稍减少，约在排卵后 7～8 天黄体成熟时，形成又一高峰，黄体萎缩时，雌激素水平急剧下降，在月经前达到最低水平。

女性体内有 400 多个部位含雌激素的受体，主要分布在子宫、阴道、乳房、盆腔以及皮肤、膀胱、尿道、骨骼和大脑。雌激素的作用范围如此之广，难怪许多人会对女孩青春发育所发生的全身生理、心理变化发出如此惊呼——"黄毛丫头十八变"。如果雌激素的大量减少，这400多处受体所在的组织、器官、系统都发生了变化。这就可以解释绝经后的妇女为何会发生一素列生理、心理变化。

（2）子宫萎缩：子宫随雌激素水平的增高而保持着丰满，其外形像梨子。进入更年期后，随雌激素水平的逐渐下降，子宫开始萎缩，绝经十几年后，一些女性的子宫竟可缩小到拇指般大。一些放环女性在绝经后未及时取出节育环，往往会因此出现相应症状。子宫从经量、经期紊乱开始，最终以绝经而告终，妇女的生育能力到此画上了句号。

（3）外阴萎缩：随着青春发育，在雌激素作用下，外阴部位明显丰满，分泌物增多，加上处女膜的存在，起到了保护内生殖道的作用。更年期后，尤其接近绝经期时，外阴的萎缩日趋明显，水分减少，弹性变差，外阴不再饱满，分泌物减少，走路时在内裤的摩擦下，外阴容易受损而发炎。由于阴道口不再紧闭，形成菱形的豁口，阴道炎就在所难免。绝经后，这些症状更甚，因外阴炎造成的外阴瘙痒症更为常见。

（4）阴道萎缩：一旦青春发育，阴道就开始发生显著变化，尤其在婚后的性刺激下，阴道迅速变宽、变长，弹性变强，皱褶变多，分泌物增多，抵抗力增强，这均归功于雌激素。进入更年期后，阴道弹性、分泌物量、抵抗力等均明显下降，容易引起损伤，容易引起损伤。阴道从正常的酸性转化为中性，自洁作用消失，阴道炎就随之而来。干燥的阴道还会造成性生活疼痛，甚至少量出血。

（5）盆腔内脏器下垂：女性虽比男性多了一套内生殖器，但腹部并不膨隆，其各种器官都有一套稳定系统将其固定，即使在跑跳时也不会晃动。进入更年期后，雌激素水平下降，稳定系统功能退化，以致盆腔内生殖器以及附近的尿道、膀胱、肠等纷纷向下移，妇女的腹部也向前松弛膨隆，从而可能造成子宫脱垂、阴道膨出、脱肛、痔疮及张力性尿失禁。一些妇女在笑、蹦跳甚至打喷嚏、咳嗽等突然增加腹内压的动作后，小便就会从尿道口流出少许，沾湿内裤，令人十分尴尬。

（6）乳房萎缩：青春期后，女性乳房像子宫内膜那样，每月一次发生周期性变化，这种变化在排卵期（释放出最高浓度雌激素）最为明显。女性的乳房发育大小及丰满情况常取决于雌激素的水平。进入更年期后，雌激素水平下降，导致乳房萎缩，使乳房下垂、乳头向下、影响女性美。

（7）皮肤变化：皮肤有许多雌激素受体，青春的焕发使皮肤饱满、滋润、有光泽，因此凝脂样的皮肤和一头秀发成了青春活力的标志。尤其是少妇，是女性一生中最美的阶段，这均得益于雌激素的作用。但进入更年期后，尤其是绝经期后，女性的皮肤开始明显缺少弹性和光泽，变干、变皱、易痒，各种色素沉着渐现，毛发变得干枯和灰白，外观上的衰老症状日益明显，其影响不可低估。

（8）冠心病发病率显著增高：绝经前的女性冠心病发病率极低，仅7‰，即100个人中不到1个。而同龄男性的发病率竟高达48‰，两者相差近7倍。究其原因，就是绝经前的女性卵巢能产生雌激素，它使血管不易硬化，血脂不易升高，无疑成了女性的保护伞。而一旦进入更年期，尤其是绝经后，雌激素水平急剧下降，这顶"保护伞"就不存在了。于是，心脑血管病发生率迅速升高。与此同时，甘油三酯、胆固醇和低密度脂蛋白也显著升高。

（9）骨质疏松悄然流行：雌激素参与女性骨骼的形成，将钙纳入骨中，骨骼坚硬度随之上升。反之，当雌激素水平下降，可导致逆向的变化，骨骼中的钙逐渐流失，以绝经后1～7年的流失速度最快，每年流失达2%～3%，高的甚至可达71%。骨钙流失的结果是导致骨质疏松，骨折也就在所难免了。有的年轻人因种种原因切除了双侧卵巢，次年骨密度竟下降了10%，这是最好的佐证。

（10）阿尔茨海默病不时光顾：在导致阿尔茨海默病（曾用名"早老性痴呆"）的众多病因中，除血管因素（如脑卒中）外，缺乏雌激素已被发现是一个重要因素。近年的研究进一步发现，此病在绝经过早的女性身上的发生机会远远超过绝经晚的女性。一些研究还证实，雌激素确能改善脑血流量，保护脑神经元和修复受损的神经元，这对于一个已步入老龄化的社会具有极大的意义。

（11）牙齿脱落接二连三：牙齿脱落的发生也与骨质疏松异曲同工。20 世纪 90 年代起，美国对几千名妇女进行了连续 12 年的观察，发现雌激素缺乏的女性落齿率高。

（12）弱视失明危机四伏：白内障、视网膜黄斑变性是眼科门诊中就诊率极高的疾病，在老年女性中的发生率更明显增高，其恶果即是弱视和失明。月经初潮较迟者白内障的发生率也比一般女性高。此外，绝经后，女性视网膜黄斑变性的危险度迅速上升，在 75 岁以上女性中的发生率比男性高 1 倍以上。

2. 虾青素——保持卵巢活力，确保女性青春活力

上文我们说到，雌激素分泌的多寡，是女性是否能保持青春、身体是否能保证健康的重要因素。但很少人意识到，雌激素实际上本身就是一种强抗氧化剂。我们说，人体多种疾病是由氧自由基的长时间侵蚀所致，这就是解释了为什么女性在很多疾病的患病率上比男性低，绝经后的女性比雌性激素分泌充分的女性患病率高。

卵巢是女性雌激素分泌的主体，卵巢功能的退化势必造成雌激素的减少，雌激素的减少也就意味着女性体内自身分泌的氧自由基清除剂的减少，在这种情况下，氧自由基加速了对卵巢的氧化损伤。这样一来就进入了一个恶性循环的怪圈，卵巢功能退化造成雌激素减少，雌激素的减少加速了女性各身体器官包括卵巢的受氧自由基攻击的烈度，身体机能加速退化，雌激素分泌更少。所以，女性在过了 35 岁以后，衰老的速度与日俱增。

国外研究发现，女性在日常生活中合理的补充抗氧化剂能够延缓卵巢功能退化的进程，特别是能够推迟女性更年期的到来。当然，国外的此项研究是基与维生素 C、维生素 E、原花青素、茶多酚等常见的抗氧化清除剂的基础之上的。

对于虾青素是否能起到延缓卵巢功能退化的功效，目前医学界还没有具体的实验报道。但虾青素作为目前已知自然界最强的抗氧化，它的抗氧化能力是无与伦比的，以维生素 C、维生素 E 为代表的传统抗氧化剂与之相比相形见拙。我们有理由相信，虾青素对延缓卵巢功能退化、促进雌激素的分泌能起到良好的促进作用。我们同时相信，这一猜测在不久的将来能得到更多的理论和实际的证实。

想让自己的肌肤永葆靓丽就用虾青素吧！皮肤由于长时间、反复经受有害阳光的刺激而损伤，而这些紫外线又可以导致皮肤提前衰老、干涩、出现皱纹、老年斑和雀斑。通过预防紫外光线，皮肤可以避免这些损伤；并且有资料显示，天然虾青素不但能预防紫外光线的损伤，还能在体内作用、帮助修复这些外观的老化痕迹。

（1）防晒：雨生红球藻——天然左旋虾青素可以预防紫外线。因其独特的分子结构，其物质的吸收峰值就是470nm左右，跟UVA波长（380～420nm）相近，因此，微量的雨生红球藻——天然左旋虾青素就可以吸收大量的UVA，好比地球上最完美独特的天然防晒剂，如同自然的防阳伞铺盖全身，避免或减轻紫外线对皮肤的晒伤，有效预防紫外线诱发的皮肤胶原质退化、皱纹和黑斑的形成。除此以外，它亦能快速地复原遭受紫外线烧伤破坏的肌肤。来自罗马圣迦里加诺皮肤病研究所的专家通过拍照观测得出结论。认为雨生红球藻——天然左旋虾青素对抵御人体表皮成纤维细胞受紫外线辐射损伤的功效是最佳的。

（2）祛斑美白：皮肤暗哑和黑色素的沉着都与自由基的氧化有关。当皮肤黑色素被自由基氧化损伤，会导致黑色素无法正常扩散，从而积聚沉着。皮肤还会受紫外线等外界因素影响失去光泽或导致肤色不均。雨生红球藻——天然左旋虾青素通过清除自由基和抵抗紫外线辐射而维持光洁的皮肤，可以有效地抑制黑色素的产生高达40%，并能显著减少黑色素的沉淀，修复肤色不均和暗哑无光等问题，持久保持皮肤的健康光泽。让您远离黯淡无色以及斑点皮肤。雨生红球藻——天然左旋虾青素将让您得肤色更显白皙、靓丽、无瑕疵、并且更有光泽。其效果远远地胜于其他的美白成分如熊果素，麴酸和维生素C。迄今还没有发现任何一种物质在同样浓度下有如此好的防止黑色素沉淀的效果，因此也被誉为美白祛斑的极品原料，而被应用在高档的一线化妆品中。通常我们做面膜的时候，可以在面膜里滴一滴雨生红球藻——天然左旋虾青素，坚持使用会达到很好的效果。

（3）抗老化、提升弹性：我们知道皮肤是由表皮层、真皮层、皮下脂肪构成。真皮层包含了胶原蛋白、弹力蛋白、和其他纤维构成了支撑皮肤的骨架。也是这些元素使的皮肤显得光滑年轻，同样这些元素也易受到UVA、UVB以及臭氧或其他氧化因素的损伤。当真皮层的胶原蛋白因为上述的各种原因被氧化、断裂后，对表皮的支撑作用就消失了，因此造成表皮会不均一地塌陷，这样皱纹就产生了，皮肤就会变得暗淡、松弛、干燥、和出现细纹、鱼尾纹等皱纹。而雨生红球藻——天然左旋虾青素可以高效清除自由基，保护皮肤细胞不受损伤，并能够阻断自由基对皮肤胶原蛋白和皮肤弹性胶原纤维的氧化分解，从而避免了胶原蛋白的快速流失，让胶原蛋白和弹性胶原纤维慢慢恢复到正常水平，从而使细胞态饱满，富有活力，让皮肤平整光滑，弹力提升，并将凹陷的皮肤重新修复。

（4）深层滋养：皮肤长期缺水、缺氧气会导致新陈代谢缓慢，自由基过量生产，导致皮肤缺少光泽、无活力，而且皮肤粗糙、没有光滑，T区肤质粗糙角质较厚。要想得到改善，细胞本身必须保证功能正常，这是皮肤细胞吸收营养的前提。而细胞具备正常功能的前提则是不被氧化损伤。雨生红球藻——天然左旋虾青素可以超效清除自由基，捍卫细胞不受氧化伤害，保证细胞的正常功能，顺利地从体内吸收自己所需要的营养，从而维持皮肤细胞健康旺盛的新陈代谢，使皮肤健康光滑并富有光泽。

现在，雨生红球藻——天然左旋虾青素广泛应用于美容护肤品领域，全球差不多一线的化妆品品牌均添加了雨生红球藻——天然左旋虾青素作为其超强抗氧化剂的成分。不但可以改善粗糙肌肤、减淡细纹和色斑、修复脸部肌肤暗沉，还可以抑制黑色素形成，改善皮肤油脂分泌；防紫外线辐射；迅速修复太阳灼伤、晒斑、干裂、脱皮肌肤。

有很多著名的医学界人士推崇天然虾青素。其中一位医生兼作家是尼古拉斯·派瑞康明确指出人们应该进食纯天然的虾青素而不是含有合成虾青素的食品，例如养殖的三文鱼。"口服虾青素可以减少皱纹……还可以减少过度沉积的色素——老年斑"派瑞康博士把虾青素称作是能够让你美丽、健康、容光焕发的抗炎和抗氧化产品。

派瑞康博士把虾青素超强的抗氧化能力归功于它保护细胞膜的独特作

用，他还提供了虾青素作为口服美容补充剂能够保护皮肤、使其焕然一新的参考文献。同时，派瑞康博士不是传统医学界内唯一的虾青素粉丝。还有一位医生，虽然没有派瑞康博士那么著名，但是他一直以来都以自己的亲身经历对天然虾青素赞不绝口。

他就是罗伯特·柴欧兹博士，柴欧兹博士一直都在广播电台、电视节目和期刊杂志上公开推广天然虾青素的多种功效和益处；还有一点值得注意的是他一直在以个人名义进行大众推广，因为他完全信赖天然虾青素。他所做的媒体推广没有任何人给予资金支持。柴欧兹博士个人经历天然虾青素的故事令人惊叹，简要地说，他在美国夏威夷州的檀香山出生、长大，他对阳光极其敏感，但在服用了虾青素后出现了奇迹。

尽管上述见证是来自两位受人尊敬的医学博士，但是也应该有虾青素作为口服防晒、美容产品的临床依据资料。有 21 位试验主体在日光模拟器释放的紫外线下进行照射测试。在此过程中还使用了过滤器以确保同时有足量的紫外线 A 和紫外线 B 照射到试验主体的皮肤。

在试验主体开始服用虾青素前，对其皮肤进行测试以确定造成太阳红斑，需要的紫外线强度。然后试验主体每天服用 4mg 虾青素并连续服用 2 周。2 周后，试验主体再次接受皮肤变红的测试，然后把补充虾青素前的得分情况和补充后的进行比较，得到的结果显示仅仅 2 周并且每天只有 4mg 的虾青素补充，就使得皮肤变红，需要的紫外光线明显增强。此试验结果尤其理想，因为虾青素在体内也有积累，逐渐地在身体重要器官内虾青素含量增加；而 2 周对虾青素在皮肤内的积累来说是相对较短的时间。但是该研究试验仍然验证了通过口服摄入的天然虾青素发挥防晒的作用了。

该项研究没有对虾青素作为口服防晒剂的作用原理进行细究，但是答案也不像大家想得那么复杂。阳光晒斑事实上是一个炎症表现的过程，当皮肤受到紫外光线的暴晒出现炎症时，就会通过皮肤的变红表现出来。这同其他一些形式的炎症表现出来的变红没有太大的不同，例如肿胀的脚踝、发炎的伤口和磨损以及患有关节炎的手都会由于炎症呈现红色。因此，皮肤变红的时候，我们就知道出现了炎症。虾青素通过具体哪条渠道控制炎症，进而预防太阳晒斑，目前还不知道。但是几乎可以肯定的是虾青素可以作为口服防晒剂要归功于其抗炎性能。

曾经有动物研究试验为虾青素的口服防晒作用提供了进一步的证据资料；1995 年进行了一项无毛鼠的研究，对虾青素、β－胡萝卜素以及维生素 A 的抗紫外线功能分别进行了测试。从出生始就对无毛鼠进行各种配方饲料的喂养，一种是同时含有以上三种物质的饲料，再者就是分别含有三种物质的饲料，还有一种是控制对照组的饲料。四个月之后，分别对每个试验组的一半试验主体进行紫外光线照射直到皮肤损伤程度达到刻度三；照射之后，只含有虾青素的试验组或者是同时含有虾青素和维生素 A 的试验组表现出有效的预防皮肤见光老化的作用。

在老鼠的肾纤维原细胞内添加虾青素显示比叶黄素和 β－胡萝卜素都具有更强的预防紫外线氧化损伤作用。事实上根据测定的两个不同参量显示，虾青素的作用效果要比 β－胡萝卜素和叶黄素分别强百倍和千倍。

这一项研究刊登在《皮肤病学期刊》上，研究中对虾青素进行了体外测试，评价了虾青素在保护人体免受紫外线辐射诱发的 DNA 变异方面的作用效果。研究中对人体三处不同的皮肤进行了测试，结果都显示虾青素成功地抵抗了紫外线，防止了 DNA 因此受到的损伤。

虾青素还可以通过身体局部的使用保护皮肤免受紫外线的辐射损伤。在裸鼠身上进行的研究试验证实了虾青素局部使用的功效益处：裸鼠被分成了三组，①对照试验组；②接受紫外线 B 辐射，之后会给它涂抹不含虾青素的原油；③接受紫外线 B 辐射，之后会涂抹含有虾青素的油；紫外线 B 的辐射会一直持续十八周以刺激产生光照引起的皮肤老化；结果显示虾青素能够减轻皮肤褶皱，并且使用了虾青素的裸鼠皮肤中的胶原质看起来更显年轻，就像同样年龄但是从未受过光辐射的老鼠一样。该项研究得出结论：虾青素可以有效地预防紫外线诱发的皮肤胶原质退化和褶皱的形成。"这些结果说明局部使用能够有效清除单态氧的虾青素可以在预防皮肤遭受各种光照损伤例如脂质过氧化反应、晒斑反应、光照中毒和光照过敏方面发挥重要的作用。"

此研究试验对虾青素的另外一个功能也进行了研究，这个功效在亚洲的很多国家也是一个推广产品的卖点。在很多国家都有"增白皮肤"类产品，这些产品都声称有减少黑色素的作用，黑色素能够在皮肤内过量累积进而导致皮肤褶皱、老年斑和皮肤着色过重；该项研究主要评估了虾青素减少黑色素的功效。结果发现虾青素能减少 40%的黑色素，这样的结果要比目前用于美白配方中的其他三种美白成分都有效。

综上所述，虾青素可以保护裸鼠免受紫外线损伤，可以减少高达 40%的黑色素甚至在两周内就可以让人通过口服看到防晒的效果。我们现在再来看看虾青素作为口服美容补充剂的作用。事实上，我们在上面提到的每一个研究试验都可以作为口服虾青素具有潜在的美容功效的有利证据。如果口服虾青素可以预防紫外线损伤，那么它当然也可以让人的皮肤看起来更加年轻、美丽。同样地，如果它可以减少黑色素高达 40%，当然也可以预防老年斑和皱纹的出现。

目前已经有三项试验都证明了口服天然虾青素，每次混合使用一两种其他营养素对人的面容有很积极的影响作用。一个人把虾青素和其他物质，例如 ω3–脂肪酸或者维生素 E 混和使用的话，所有的研究结果表明有天然虾青素才会有好的效果。

第一个研究试验是在日本进行的，试验每天把 2mg 的天然虾青素和维生素 E 混合，试验设计双盲和安慰剂控制组，即试验主体和研究人员都不知道哪组使用的是安慰剂和哪组使用的是虾青素加维生素 E。所有的试验主体都是平均年龄为四十岁的女性，试验的第二周和试验末即第四周分别对试验主体的几个皮肤参量进行检测。检测结果让人吃惊，仅仅两周的时间就出现了以下几个方面的改善和提高：

皮肤皱纹变细；

皮肤更加湿润；

皮肤色调改善；

皮肤更加有弹性；

皮肤更加光滑；

眼部皮肤肿胀减轻；

皮肤斑点和雀斑减轻。

在每天只有 2mg 并且仅仅两周的时间里，使用了虾青素的试验主体差不多皮肤的每个方面都出现了改善。在第四周末时，试验初曾被认定为皮肤干燥的试验主体经历了皮肤更加湿润、皮肤自有油分变为均匀、细小皱纹的减轻，包括丘疹疙瘩也变少了。根据一项自我评价的调查，使用了虾青素的试验主体表示眼部肿胀减轻了、皮肤更加有弹性了、"感觉皮肤更好了"。而安慰剂组的试验主体在四周的试验过程中不但没有出现任何改善，事实上反而恶化了。

第二个研究试验是在加拿大进行的，把天然虾青素同其他两种营养品 ω3－脂肪酸和海洋黏多糖结合使用。试验包括三个试验组：A 组试验主体同时服用含有虾青素、ω3－和黏多糖的补充剂，并且还外涂黏多糖；B 组在使用补充剂的情况下外涂安慰剂产品；C 组只外涂黏多糖，但不口服任何产品。试验主体为 35～55 岁不等的女性，每个试验组大概有三十人，整个试验过程持续了十二周。

遗憾地是，该研究试验没有对每个试验组的试验主体进行每项皮肤参量的测定，所有的参量包括：①皮肤细纹，②皮肤色调，③皮肤灰黄色，④皮肤粗糙程度，⑤皮肤弹性，⑥皮肤水分含量情况，对 A 组的试验主体进行了上述各参量的测定；结果显示该试验组试验主体在所有这些参量方面都出现了改善。除此之外，A 组在十二个试验周的开始和结束都回答了一个关于皮肤健康状况的十七点自我评价调查，结果符合预期的估测，大约 86% 的 A 组试验主体都一致认为这种方法对所有的皮肤参量有效。

B 组和 C 组只测定了两项参量：皮肤弹性和皮肤的水分含量情况；结果发现 B 组试验主体皮肤水分含量更多，而 C 组皮肤弹性更好。研究人员得出的结论是："通过口服具有美容作用，代表了一种更新、更令人兴奋的药用化妆品，可以为皮肤提供具有生物活性的有效成分"。可采用另外一种对我们的研究目标更有帮助的实验设计，但是无论如何，从我们前面提到的在日本进行的试验角度看，这项实验进一步说明了天然虾青素可以用作口服美容补充剂。

第三个试验是在欧洲进行的，和日本的试验非常相似。但是这个试验只是单独研究了口服补充剂的效果，补充剂每天含有 5mg 的天然虾青素和其他两种成分。试验结果非常理想，使用了补充剂的试验主体皮肤细纹和皮肤总体容颜明显改善以及皮肤细致度提高 78%。

总而言之，虾青素是一种有效的口服防晒剂，可以保护皮肤不会受到紫外线的暴晒、损伤。这在活体外、动物以及人体临床试验中都得到了充分的验证。除了保护类的特性，还有证明资料显示虾青素对皮肤还有治疗性的作用，可以作为口服式的美容补充剂。当然在这个领域还需要更多的研究，同时虾青素还表现出抗衰老补充剂的巨大潜能。

同时，与 β - 胡萝卜素和叶黄素相比，虾青素在结构上与叶黄素和玉米黄素相似，但虾青素具有更强的抗氧化和紫外保护效应，更有效地防止脂类的紫外光氧化。眼睛和皮肤的紫外光伤害已引起了广泛的重视，虾青素和叶黄素一样沉积在动物的视网膜上，对眼睛起了保护作用并防止视网膜组织氧化。因此，虾青素的紫外保护特性对于维护眼睛和皮肤的健康起着重要作用。

虾青素对溃疡、胃损伤以及胃癌的作用

全球人口约一半以上，胃里都有一种极具破坏性的细菌叫幽门螺杆菌。幽门螺杆菌的初期表现形式是慢性胃炎和胃溃疡，如果任之发展的话就会导致更加严重的后果，包括胃癌和淋巴瘤。幽门螺杆菌可能是由于膳食中缺少了一些重要元素例如类胡萝卜素造成的，"膳食中抗氧化剂成分如类胡萝卜素和维生素 C 摄入过低可能是人体含有幽门螺杆菌的一个重要因素"。

虾青素经证实可以调节对幽门螺杆菌的免疫反应，对胃肠消化道系统有积极的作用。富含虾青素的微藻提取物可以减少细菌量和减轻胃部炎症。试管试验和小鼠体内试验都证明了微藻粉来源的天然虾青素可以抑制幽门螺杆菌的增长。同未治疗组和对照组的小鼠相比，进食了雨生红球微藻粉的小鼠在试验第一天后和试验结束后第十天，其体内细菌含量和炎症测试得分都降低了。

由研究人员金博士和他的同事在韩国大学进行了两项研究试验，研究了虾青素对下列各方面原因引起的胃部损伤的预防作用：①萘普生；②乙

醇。在第一项试验中，给大鼠饲喂了消炎镇痛药萘普生。众所周知，萘普生能够引发胃部的溃疡损伤；同时按三种不同剂量给大鼠饲喂虾青素，结果都对萘普生的胃部伤害起到了明显的抑制作用；同时还发现预先补充了虾青素的大鼠体内的自由基清除酶：过氧化物歧化酶、过氧化氢酶和谷胱甘肽过氧化物酶的活性显著增强。"这些试验结果说明虾青素清除了体内由萘普生诱发的脂质过氧化物和自由基成分，可能会为胃溃疡提供有效的治疗方法"。金博士的第二个研究试验是用乙醇。大家都知道如果摄入乙醇过多，人体就会出现胃溃疡。再一次用大鼠作为试验主体，结果和虾青素对萘普生的作用是类似的，虾青素对溃疡有明显抵抗作用，并且预先的补充增强了过氧化物歧化酶、过氧化氢酶和谷胱甘肽过氧化物酶清除自由基的活性能力。"组织学检测结果充分说明乙醇诱发的急性胃黏膜损伤在使用了虾青素之后几乎全部消失"。

最后一个试验是在日本，该试验的有趣之处在于研究了三种不同形式的虾青素——雨生红球藻微藻粉来源的虾青素、源自变异法夫酵母的虾青素和石化产品合成的虾青素，同时研究的还有维生素 C 和 β – 胡萝卜素。主要研究它们对患有应激性溃疡大鼠的预防作用。试验中主要采取两种应激方法诱发溃疡。结果显示饲喂了各种来源的虾青素和 β – 胡萝卜素的大鼠受到保护没有出现胃溃疡。虽然如此该研究试验还有一个非常显著的结果是"饲喂了红球藻提取虾青素的大鼠其溃疡指数要比其他组都小"。该研究试验进一步说明虾青素和维生素 C 一起使用，同对照组的大鼠相比，能够阻止胃溃疡的恶化。对同时饲喂虾青素和维生素 C 的大鼠效果更强，为大鼠提供了足够的抗氧化剂对抗应激性损伤。这个研究试验一方面为证明天然虾青素优于其他来源的虾青素提供了重要依据资料：另一方面也证明虾青素对胃肠消化道健康功效。

排毒功效

人体通过肝脏和肾脏清除体内的有害物质来排毒。肝脏的一个重要功能就是氧化体内的脂肪生成能量，当然肝脏还能够摧毁体内的致病细菌和病毒，并且能清除体内已经死亡的血细胞，所有这些功能都能使体内大量

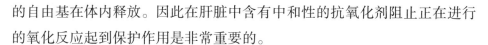

的自由基在体内释放。因此在肝脏中含有中和性的抗氧化剂阻止正在进行的氧化反应起到保护作用是非常重要的。

有一个试验研究了虾青素和维生素 E 对大鼠肝脏细胞脂质过氧化的作用，结果发现虾青素对肝脏细胞的抗氧化功效更强。虾青素还可以使肝脏产生特定的酶，这种酶有助于预防肝癌的形成。而且，在肾脏和肺中，虾青素也有促成这类有益酶生成的作用，因此，虾青素不但能帮助排抗自由基的氧化性，同时还能促进有益酶的生成。

在 2001 年的一项大鼠试验中，也证明虾青素对肝脏有好的作用。虾青素的抗氧化特性可以保护大鼠免受肝脏损伤，同时还观察到大鼠肝脏中过氧化物歧化酶和谷胱甘肽的含量都明显增加。

附加的研究

下面是一些关于天然虾青素在人类营养领域功效研究的简要概括，这些都是比较初期的研究，但是很有可能促进深层的研究和人体临床研究试验。

一项试验结果非常理想的试验：研究了使用虾青素是否对前列腺方面的问题有功效。对 5α - 还原酶的抑制作用说明了虾青素在治疗良性前列腺肿大症状方面的潜力，同时也可能预防或有助于治疗前列腺癌。进行的体外研究工作显示虾青素可以抑制 5α - 还原酶的产生使其减少98%，研究人员还把锯状矮棕榈萃取物（曾经报道可以减轻良性前列腺肿大的症状）和虾青素进行了混合比较，结果发现混合物对 5α - 还原酶的抑制能力比单纯的锯状矮棕榈萃取物要强20%。最后，他们取了一些前列腺癌的细胞并进行九天的虾青素治疗处理。结果发现根据虾青素使用剂量的小同，出现了24%~38%不等的细胞生长减弱。这些理想的试验结果说明虾青素有可能成为对抗前列腺癌症的有效武器。

最近，华盛顿州大学的一位研究员楚博士进行了一些新的关于虾青素和 DNA 的研究上作，他之前曾经研究过虾青素的抗癌性和增强免疫性。楚博士一直以来都在进行这项新研究的专利申请；在这项新研究中发现虾青素可以保护 DNA 不受到损伤，虾青素的这一防止 DHA 损伤的特性与它的抗氧化性直接相关。楚博士和他的同事朴博士曾证实过天然虾青素可以预防 DNA 免受氧化性损伤，比较有趣的是他们发现了有效的剂量范围。如果是每天 2mg 的剂量，持续使用四周，楚博士和朴博士发现 DNA 氧化性损伤减轻了 40%。这一个临床前的试验研究了虾青素和 β - 胡萝卜素预防淋巴结肿大以及减少尿中过剩蛋白的功效。结果发现虾青素显著地延迟了这两种病症的发作并且虾青素的预防作用要比 β - 胡萝卜素显著有效。

在另外一个有趣的临床前研究试验中，虾青素表现出对新生貂出生率的积极作用，试验结果显示母体使用虾青素能够有效地降低新生幼貂的死亡率。

最后是一个体外试验研究了治疗哮喘病的最新方法，结果显示虾青素有良好的作用。研究人员把虾青素和银杏酚 B 混合起来进行了研究。结果发现混合物抑制 T 细胞活化作用的效力就相当于两支通常销售的抗组胺剂。

第六章
虾青素的来源及制剂

在第三章的时候就说过，虾青素超强的抗氧化能力是通过它特殊的结构体现的。然而，不同生物来源的虾青素的化学结构是不同的，所体现出的抗氧化能力也不同。其中雨生红球藻自身合成而来的虾青素100%为左旋结构，抗氧化能力最强，当然体现出的各种保健功效也是最强大的。通过法夫酵母来源的虾青素100%为右旋结构，抗氧化能力次之。通过鱼、虾、蟹等动物体中提取的，左旋结构、右旋结构和消旋结构混杂，其抗氧化能力再次之，已经不能体现出虾青素应有的保健功效。而通过化学方法人工合成的虾青素100%为消旋结构，没有任何的抗氧化及保健功效，只用作为化工染色剂使用。

游离虾青素和虾青素酯

虾青素在其末端环状结构中各有一个羟基，这种自由羟基可与脂肪酸形成酯。如果其中一个羟基与脂肪酸成酯，称虾青素单酯；如果两个羟基都与脂肪酸成酯，则称为虾青素二酯。

虾青素可根据立体异构体、几何异构体、酯化程度和酯化与否分为多种。雨生红球藻中虾青素的立体异构体是3S、3′S，单酯约占80%，双酯约占15%，主要的脂肪酸有油酸、反油酸、蓖麻酸和花生酸等。

化学合成的虾青素均为游离虾青素，立体异构体的比例为 n（3S、3′S）：n（3R、3′S）：n（3R、3′R）=1：2：1。天然虾青素主要以3S、3′S或3R、3′R形式存在，且往往与蛋白质形成复合物，产生不同的颜色，如：龙虾中的蓝色、绿色和黄色；也可溶在油脂中，如雪藻的红色就是其细胞质脂粒中积累虾青素的结果；或与脂肪酸成酯。虾青素在细胞中很少游离存在，因为游离的虾青素不稳定。合成虾青素和天然虾青素的几何异构体大多为全E结构，但立体异构体如前所述大不一样，合成虾青素的各立体异构体之间的比例是固定的，且消旋体占50%，天然虾青素主要为

3S、3′S 酯化结构，如雨生红球藻中虾青素单酯占 90％ 以上、双酯约占 8％，游离虾青素约为 1％。比较合成虾青素和天然虾青素饲养虹鳟鱼的效果表明：以含相同量合成虾青素或天然虾青素的饲料分别喂养虹鳟鱼，结果却大不一样，用天然虾青素饲料喂养的虹鳟鱼积累更多的虾青素。

雨生红球藻源虾青素

目前最好的虾青素为天然左旋虾青素，只能通过微藻体内自身合成。其中包括，雨生红球藻、湖泊红球藻。雨生红球藻中虾青素含量可达 $10 \sim 40 \mathrm{mg} \cdot \mathrm{g}^{-1}$，是自然界中天然虾青素含量最高的生物。且雨生红球藻中虾青素为 100％ 的左旋结构，其结构稳定，与人体、动物体内所需虾青素结构一致，利于吸收，能最大程度上发挥其应有的多种生物功效。

利用大规模养殖红球藻生产虾青素是目前天然虾青素工业化生产的一条重要途径。红球藻生产虾青素一般分两个阶段，即先在最适生长条件下培养红球藻，使细胞获取最大限度的生物量，然后通过改变培养条件诱导虾青素的大量积累。光是诱导虾青素大量积累的重要因子，虾青素的合成量与光照密度和光照时间成比例关系，蓝光比红光更有利于虾青素合成。高温也有助于虾青素的积累，高碳氮比也可诱发红球藻大量合成虾青素。弱光下加盐利于虾青素积累。当红球藻培养基中添加活性氧时，红球藻便大量合成虾青素猝灭活性氧自由基，抵抗逆境引起的氧化损伤。红球藻中虾青素含量虽高，但培养周期长，需酶解和破壁释放虾青素，因而筛选出生长快的薄壁藻细胞已成当务之急。

1. 虾青素的积累

红球藻在最适生长条件下，藻细胞产生叶绿素 A、叶绿素 B 以及初生类胡萝卜素，特别是 β - 胡萝卜素和叶黄素。这时藻细胞为绿色，呈椭圆形，细胞生长率很高。当营养条件受到限制或在不利环境下，红球藻的光合速率与光合作用产物利用速率不平衡，导致碳水化合物的积累，脂肪酸和类胡萝卜素的增加，特别是虾青素的快速积累。这时红球藻的细胞变大，颜色也由绿色变为红色。

虾青素的含量及合成速率在红球藻的生活周期中显著不同。虾青素的积累速率在游动细胞和不动细胞中是一样的，游动细胞虾青素的含量下降是因为它的合成速率低于细胞的分裂速度。任何因素，如不利的生长条件和细胞分裂抑制物的产生等，都可引致细胞分裂速度下降，从而导致个体细胞内虾青素的快速积累。根据红球藻分批培养的结果，发现虾青素的生成速率在红球藻的不同生长阶段是不同的，红球藻生长后期的虾青素积累明显高于生长早期。

外界条件对细胞虾青素积累的影响：许多环境如光照、营养等都可以影响虾青素的形成，这些因素常常通过细胞内综合代谢而发生作用。

（1）光照度：光照度不但对红球藻的生长是一个非常重要的因素，而且对红球藻虾青素的合成也是很重要的。普遍认为光照度对红球藻的生长，特别是对红球藻内虾青素的合成是必需的。相反，也有人认为虾青素的合成可以在黑暗中进行，只是虾青素的合成速率在光照条件下比黑暗条件下高7倍。强光对红球藻的生长不利，特别是在红球藻的生长早期，强光显著地抑制红球藻的生长诱导促进虾青素的合成。红光比蓝光对红球藻的生长有利，而蓝光对虾青素的积累有利。

（2）温度对红球藻虾青素的生物合成的影响与光照度很相似，较高的温度可以促进虾青素的生物合成。在30℃条件下，红球藻的产量比20℃培养条件高2.5倍。但是最适合红球藻光合自养的温度在25℃～28℃之间。温度高于30℃时，红球藻的生长受到抑制。所以，较高的温度促进细胞内虾青素含量的增加，适用于红球藻培养的后期。

（3）溶解氧：较低的溶解氧（50%）有利于红球藻自养生长，而饱和的溶解氧则有利于红球藻的异养生长。溶解氧对红球藻虾青素含量的影响尚有待研究。

（4）pH：pH对红球藻虾青素细胞含量的影响目前尚未有详细报道。一般认为，最适合于红球藻生长的pH为中性至微碱性，虽然红球藻在pH＝11的条件下仍然可以生长和成活，但其生长速率很低。

（5）培养液的流体剪切力的影响：通过对搅拌速度对红球藻的生长和虾青素的影响的研究，发现如果流体剪切力高于0.05N/M，则会阻碍红球藻的生长，促进虾青素的合成。

（6）培养基的优化：醋酸盐是应用于红球藻混合培养的比较好的碳源，它除了容易被红球藻利用于生长外，也很容易被红球藻吸收参与虾青素的合成。

对于氮源的需求，科学家有不同意见，大多数认为低浓度的氮源对虾青素的合成有利。

如果红球藻在含有醋酸盐的培养基中，高浓度的氮源有利于虾青素的合成；此外，较高的亚铁离子浓度有利于虾青素的合成；低浓度的磷酸盐可以促进虾青素的合成，但并不显著抑制红球藻的生长。

（7）环境条件的优化：除了对培养基的优化，其他环境条件如温度、pH、光照、溶解氧的优化组合对于提高红球藻虾青素的生长率也非常重要。但是适于红球藻生长与虾青素合成的条件往往是互相矛盾的，即当环境条件如温度，pH、光照、溶解氧、培养基成分和浓度有利于红球藻生长时，虾青素的合成速率通常较低；而虾青素快速合成的时期发生在不利于红球藻生长的环境条件下。

可采用分步培养的方法生产虾青素：首先利用红球藻的最优生长条件促使红球藻细胞于物质增加，然后改变条件使红球藻能快速合成虾青素。

合成虾青素

如今，世界上销售的大部分虾青素是合成的虾青素，但是你买不到作为人类营养补充剂的合成虾青素，因为至今为止，还没有任何一个国家的卫生部门认证其应用于人类领域是安全的。但是大部分国家批准其作为饲料应用于动物领域。实际上，如果你买的鲑鱼没有明确注明是"野生还是自然着色的"，你可能正在吃合成的虾青素。但是这并不会害死你，这当然同吃新鲜野生的、富含天然虾青素的鲜鱼也不同（而且它比养殖的鲜鱼所含的 $\omega-3$ 脂肪酸也高）。我们需要澄清一点：目前超市里有养殖的鲑鱼，它们的养殖条件大大提高，其中一个重要的因素是没有用合成的虾青素。也许这些天然来源的虾青素，恰好同你在保健品店的货架上看到的源自微藻的虾青素一样。但是非合成的虾青素也可能来自低成本的变异法夫酵母，我们将在下部分详细说明。

合成虾青素是经过复杂的石化过程生产的。其来源于燃油，就是人们加入汽车油箱和用来生产塑料的一样的物质来生产合成的虾青素，这样合成的虾青素喂给鱼或其他动物旨在为这些动物增色。但是，对于动物来讲，合成虾青素同微藻来源的虾青素相比，对动物的健康益处和着色效果都有巨大的差别。

虽然成本高点，但是一些水产养殖公司开始用天然虾青素而不用合成的。水产养殖业的竞争很激烈，只有在认清其具有真正经济效益后，才会采用某种成本更高的饲料配料。虾青素确实有同进行的诸多天然虾青素对人类营养的研究相似，很多研究者和公司在进行天然虾青素饲料对动物的研究。有些试验甚至对比了喂养合成的、法夫酵母来源的和天然虾青素气种饲料对动物的不同影响。他们发现对上很多不同的动物健康来讲，天然虾青素优于合成的虾青素。他们甚至发现虽然合成虾青素的虾青素含量比天然虾青素的含量还高（市场上合成虾青素平均虾青素含量为8%~10%，动物用天然虾青素中虾青素的含量只有1.5%~2%），但是对一些鱼种来讲，天然虾青素比合成虾青素的着色力更强。

天然虾青素对一些鱼种具有更好的着色力是因为附着在分子末端的脂肪酸。这些脂化的虾青素分子更易散布到不同动物肌体的各部位（虽然还没经临床验证，但是对人类可能也是一样的）；天然虾青素会"通达全身"进入肌体的每个器官，包括皮肤。这就是它作为口服防晒品效果很好的原因；也是为什么日本红真鲷养殖商可以收获那么好看的终端产品的原因。

但是天然虾青素和合成虾青素之间最主要的区别在于它们的作用功效不同。之前我们检测过，作为抗氧化剂，天然的比合成的虾青素要强20多倍。我们也获得了例证，天然虾青素可以提高不同动物物种的存活率、免疫力、生育和繁殖力，甚至促进它们的生长率。毫无疑问，天然虾青素与合成的虾青素完全不同，绝对优于后者。

法夫酵母来源的虾青素

目前，很多国家大多是利用红法夫酵母生产虾青素。以葡萄糖和纤维二糖为酵母菌积累虾青素的碳源，酵母膏和蛋白胨为氮源，适量添加西红柿汁、玉米浆及蒎烯乙酸等，提高酵母中虾青素的含量。在有氧条件下，虾青素的产量随供氧量的增加而增加。酵母作为色素开发源具有许多有利的条件，如不需光照，可异养代谢，生长快，可高密度培养等，用廉价的纤维素酶水解产物培养的红发夫酵母中虾青素含量也可达到 $720 \sim 1080 \mu g \cdot g^{-1}$，相对于红球藻来说，酵母中虾青素含量实在太低。并且，通过酵母发酵而来的虾青素，其构成都为右旋结构，相对与左旋虾青素，其抗氧化能力和其他治疗、保健功效明显不如。故此，通过红发酵母发酵而来的虾青素多使用于女性美容、护肤品，在药品和保健品中使用较少。

法夫红酵母可以生产出虾青素。但问题是，考虑到成本效益从野生法夫酵母菌株生产虾青素是不可能的，因为虾青素的产量还不到百万分之三百。用于鲜鳟鱼饲料的商用法夫酵母是变异的法夫酵母菌株，比野生株虾青素的产量高 20 倍。变异是通过紫外线灯、Y 辐射或诱导有机体突变的化学物质进行的。变异过程会引起各种代谢途径的巨大变化（很多都是同虾青素的生产密切相关的），用以产出足够量的虾青素。因此，法夫酵母来源的虾青素被认为是基因改造物，不是天然的产品。

法夫酵母来源虾青素与食物链中的天然虾青素的化学结构也迥然不同。海洋动物的虾青素总是被醋化的（有至少一个或多个脂肪酸分子附着），源自雨生红球微藻的天然虾青素也是如此。而法夫酵母来源的虾青素没有经过醋化反应，它是 100% 完全游离的虾青素，微藻来源的天然虾青素中只有 5% 这样同类的虾青素。此外，在上节中也提到，同天然虾青素相比它的化学结构也不一样，法夫酵母来源的虾青素其实同合成的虾青素类似，与天然虾青素的结构是不同的。结构的不同点在于其分子形式的差别。雨生红球藻来源的天然虾青素实际上是磷虾中所含虾青素的完全翻版，在天然食物链上磷虾是更大海洋动物的食物，而法夫酵母来源和合成的虾青素不具有此特点。追根究底，法夫酵母和合成的虾青素同天然的虾青素相比，是完全不同的两种物质。另外同法夫酵母和合成的虾青素相比，微藻来源的天然虾青素的最大优势是它是天然有效的复合物。这种复合物包括三种不同形式的虾青素：单脂虾青素占 70%（末端附着一个脂肪酸分子）、二脂虾青素 10%（两个末端都附着脂肪酸分子）和游离虾青素占5%，主要是各种法夫酵母和合成的虾青素。这种天然有效的复合物余下的15%成分是各种类胡萝卜素的混合：6%β–胡萝卜素、5%角黄素和4%叶黄素。

在美国虽然不允许合成的虾青素，但法夫酵母来源的虾青素允许用于人类营养补充剂，但是应用于人类，它仍是劣等的虾青素，而且只能有限制地使用，其他很多国家仍旧不允许变异品种应用于人类营养领域。

虾青素的剂型分类

因提取工艺和用途的不同，目前虾青素制剂主要分为三类。

1. 2%虾青素原料粉

此种制剂中虾青素含量一般不超过2%，有些可能更低，人工合成及天然制备的都有，基本不采用经藻类自身合成的天然左旋虾青素。此类产品多使用于工业染色、非食用动物的食物添加，不能用于化妆品，被禁止使用、加工成保健品及药品。

2. 0.5%虾青素水溶剂

此种制剂多用于化妆品和某些外用消炎药品，一般不在内服药剂及保健品中使用。制剂中，虾青素一般为红发酵母发酵的右旋虾青素，极少数国际大品牌会在旗下产品中使用天然左旋虾青素。这是因为，右旋虾青素的抗氧化能力及特殊的生物效能远远不如左旋虾青素，作为护肤品及外用消炎药还是能够胜任的，且虾青素吸收紫外线防止皮肤灼伤的功能基本与其结构形式无关。天然左旋虾青素虽好，但工艺复杂，产量较少，价格较高，导致了在护肤、美容领域的过度稀缺。

3. 5%油性溶剂

天然左旋虾青素5%油剂，100%左旋结构，是雨生红球藻粉经超临界CO_2或食用酒精萃取，加入可食用油料等调和而成，为暗红色油脂状。可溶于基础精油、食用油、酒精、乙醚、二甲基亚砜、氯仿等，不溶于水，是唯一一种可以作为食品添加、制药、保健品生产的虾青素制剂。

雨生红球藻虾青素含量测定方法的探讨

雨生红球藻是一种单细胞微藻，隶属绿藻门、团藻目、红球藻科、红球藻属。由于该藻能大量累积虾青素而呈现红色，故取名红球藻。雨生红球藻是自然界天然虾青素含量最高的生物，含量达到干细胞的2%～4%，因此通过培养雨生红球藻生产虾青素长期以来一直是藻类研究的一个热点。

目前实验室的虾青素测定方法很多，提取时间、提取溶剂、测定方法等都有所不同，而各生产虾青素公司也有不同的测定方法。目前采用的虾青素测定方法主要有高效液相色谱测定法（HPLC）和分光光度测定法。

1. 实验材料与方法

（1）实验材料：藻粉为Cyanotech公司购买的雨生红球藻粉。

（2）仪器与设备：UV－7504紫外可见分光光度计；TP300超声波清洗仪；TDL80－2B型离心机；XW－80A涡旋搅拌器；高效液相色谱仪。

（3）方法：所有藻粉均加液氮后用研钵研磨5min进行细胞破壁。

①某天然虾青素有限公司的方法

实验方法：精确称取藻粉20mg，置于10ml玻璃离心管，加入5ml含5%NaOH、30%甲醇的水溶液，70℃水浴5min，保温过程中经常摇动。3000rpm离心3min，然后去上清液（叶绿素被抽提到上清液中，并被强碱破坏），藻渣备用。

离心管中加入3ml含有少量醋酸（5滴10ml）的DMSO（二甲基亚砜），摇匀，70℃保温5min，保温过程中要不断摇动离心管。3000rpm离心3min，将上清液移入10ml容量瓶，重复至少3次，使剩余离心管底部的藻渣无颜色或很浅的颜色。

将1次或几次收集的上清液用DMSO精确定容至10ml，取1ml放入另1个10ml容量瓶中，用DMSO精确定容至10ml。

将待测溶液放入1cm光径比色皿中，在492nm波长下测定吸光值A，DMSO作空白对照。

计算公式：溶液中虾青素的浓度（mg·ml^{-1}）：

$$C_1 = \frac{A_{492} \times 1000}{A_{1cm}^{1\%} \times 100}, \quad A_{1cm}^{1\%} = 2200$$

藻粉中虾青素的含量：

$$C_2 = （C_1 \times 100/20）\times 100\%$$

②美国 Cyanotech 公司的测定方法[7]

实验方法：称取 25mg 干燥藻粉，放入 10ml 离心管中，加 3g 石英砂。在离心管中加入 5ml DMSO，45～50℃水浴 30min，每 10min 涡旋振荡 15s（共计 3 次）。3000rpm 离心 5min 使细胞物质沉淀，将上清液转入 25ml 容量瓶中。再往离心管中加入 5ml 丙酮，涡旋振荡 30s，3000rpm 离心 5min 使细胞物质沉淀，将上清液转入 25ml 容量瓶中，丙酮抽提至少 3 次，直至上清液基本无色（吸光值小于 0.05）。

用丙酮定容至 25ml，盖上容量瓶，轻微振荡混合，吸取 5～7ml 放入离心管，再次 3000rpm 离心以除去前面步骤中带入的颗粒物。

在 474nm 波长下测定最大吸光值，丙酮作空白对照。如果吸光值大于 1.25，则必须对样品用丙酮稀释后再测，稀释倍数一般为 1∶7。

计算公式：

蛙青素含量 C（mg·ml^{-1}）= 吸光值 A/消光系数 a

$$虾青素含量（\%）= \frac{C \times 10ml \times 5}{10mg} \times 100\%$$

③氯仿-乙醇混合溶液提取方法

实验方法：取 10mg 干燥的藻粉，加入到 10ml 离心管中，再在离心管中加入 5ml 的 5% KOH、30% 甲醇的混合溶液，50℃下处理 15min，以去除叶绿素。用蒸馏水洗 2 次，3000rpm 离心，然后去除上清液。在去除上清液后的藻渣中加 5ml 氯仿：乙醇（$v/v=1∶1$）的混合溶液，40℃下水浴 45min，保温过程中要经常振荡。然后 3000rpm 离心 5min，取上清液。再用氯仿：乙醇的混合溶液定容至 10ml 容量瓶中。轻微振荡混匀，再在 487nm 下测定最大吸光值。如果吸光值过高，可适当稀释 5 倍后再测。

计算公式：

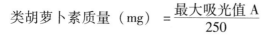

$$类胡萝卜素质量（mg）= \frac{最大吸光值 A}{250}$$

25ml（丙酮）×稀释倍数

$$虾青素（\%）= \frac{类胡萝卜素质量（mg）}{样品质量（mg）} \times 80\%$$

$$虾青素（\mu g \cdot ml^{-1}）= \frac{类胡萝卜素质量（mg）\times 80\%}{25ml \times 8}$$

④高效液相色谱分析测定：Nova – Pak C18 色谱柱；流动相 A 为水，流动相 B 为甲醇；洗脱梯度：10% A，90% B（0min）；10% A，90% B（1min）；0% A，100% B（10min）；0% A，100% B（20min）。流速 1ml·min^{-1}；检测器为 Waters 996 光电二极管阵列检测器；光谱扫描波长范围 300～700nm，检测波长为 476nm；进样量为 10μl。

检测波长的选择：雨生红球藻中含有多种色素，其各种组分的吸收峰在 300～670nm 之间，游离虾青素和虾青素酯的吸收峰在 470～480nm 之间，因此分析选用检测波长为 476nm。

用外标峰面积法测定线性关系：准确吸取一定体积的虾青素标准储备液，配制成 6 份质量浓度不同的标准样品，分别取 10μl 进样。由色谱工作站处理数据，以虾青素质量浓度为横坐标，相应峰面积为纵坐标，绘制虾青素含量的标准曲线。

精密度实验：将一标准溶液平行测定 6 次，计算各组分的峰面积和保留时间的相对标准偏差。

雨生红球藻中虾青素的提取：取 10mg 藻粉，加液氮后用研钵研磨 5min 进行细胞破壁，加入 3ml 丙酮，涡旋震荡 15s，置 50℃ 水浴 30min，每隔 10min 震荡 15s，3500rpm 离心 10min，取上清液，再加入 2ml 丙酮，涡旋震荡 15s 后再次离心，重复以上操作直到藻体变白色。将虾青素丙酮提取液用氮气吹干，用 25ml 甲醇定容后贮存于 –20℃ 冰箱备用。

2. 结果与讨论

（1）HPLC 分析方法的建立：用外标峰面积法测定结果，标准虾青素 HPLC 图谱如图 18 所示，实验样品提取得到的虾青素的 HPLC 图谱如图 19 所示。

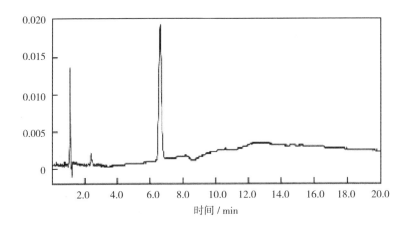

图 18　标准虾青素 HPLC 图谱

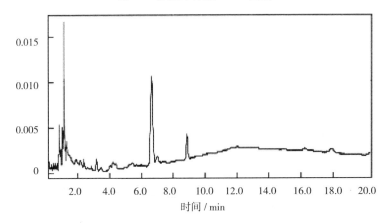

图 19　藻粉中提取的虾青素 HPLC 图谱

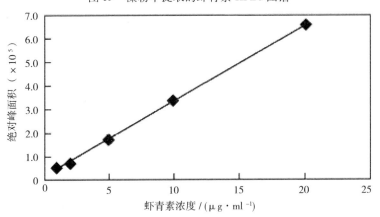

图 20　标准虾青素 HPLC 分析的浓度与峰面积工作曲线图

由色谱工作站处理数据，以虾青素的质量浓度为横坐标，相应的峰面积为纵坐标，得到虾青素的标准曲线，如图20所示。

$y = 32202x + 12112 R^2 = 0.9996$，以标准品的峰高等于2倍基线噪音时虾青素的量作为检出限，则虾青素的检出限为 $0.045 \mu g \cdot ml^{-1}$。

精密度实验结果：将一标准溶液平行测定6次，计算各组分的峰面积、保留时间及它们的相对标准偏差，结果见表3。

表3 虾青素HPLC分析方法的精密度指标（$n = 6$）

化合物	保留时间		峰面积	
	Rt/min	$RSD/\%$	$(A \pm s)/10^5 \mu V$	$RSD/\%$
虾青素	6.619 ± 0.07	1.58	6.5472 ± 0.18	2.75

（2）分光光度法与HPLC方法的参数比较：从提取试剂、破壁方法、测定波长和摩尔吸光系数4个方面进行方法的参数比较，见表4。可看出：提取试剂都不同，测定波长略有差别。

表4 分光光度法与HPLC方法的参数比较

4种方法的参数比较方法	提取试剂	破壁方法	测定波长/nm	摩尔吸光系数
某虾青素公司的测定方法	DMSO + 丙酮	液氮研磨 + 石英砂	474	242
氯仿 – 乙醇混合溶液提取方法	氯仿：乙醇	液氮研磨	487	228
高效液相色谱分析测定方法	丙酮	液氮研磨	476	242

（3）红球藻虾青素含量实测结果比较：表5是采用4种方法得到的最终虾青素的百分含量，可以看出，如果以HPLC定量分析的虾青素含量作为标准参照，采用某虾青素公司的分析方法得到的含量值为HPLC法的89%，而其他2种方法约为HPLC法的80%。

表5 4种方法得到的虾青素含量

测定方法	藻粉质量/mg	虾青素含量/%	与HPLC比较/%
某虾青素公司的测定方法	25	1.461	89.2
氯仿 – 乙醇混合溶液提取方法	10	1.317	80.4
高效液相色谱分析测定方法	10	1.638	100

（4）讨论：从表5中可以看到，在3种分光光度法中，某虾青素公司

的方法得到的虾青素含量比其他 2 种要高，达到 HPLC 测得的 89.2%，其他 2 种分别只达到了 76.3% 和 80.4%，造成测定的虾青素含量差异的原因主要是：

①提取溶剂：溶剂的选择对于虾青素的提取是非常重要的。苯和氯仿等大多数有机物，被誉为"万能溶剂"，广泛用作溶剂和反应试剂。醋酸能迅速渗入细胞组织，会使组织膨胀，有助于二甲基亚砜的渗入，因此能有效提取虾青素。

某虾青素公司采用的是先用二甲基桠枫后丙酮提取，丙酮是许多物质的良好溶剂。丙酮的极性较高，虾青素的溶解度虽然较差，但是由于是亲水性溶剂，易于渗透进入细胞中，加上配合二甲基亚砜提取，有较高的提取效率。采用的氯仿 - 乙醇混合溶液提取方法是用 1：1 的氯仿和乙醇混合试剂提取。但没有进行二甲基桠枫的测试，因此和上述 2 种方法没有进行直接的比较。

由于氯仿等溶剂亲水性很差，溶剂不容易进入细胞中，因此提取率不高。而丙酮的极性较高，属亲水性溶剂，易于渗透进入细胞中，因此提取率比氯仿高。而二甲基桠枫属于高极性溶剂，虾青素溶解度小，但属于亲水性溶剂，提取率还可以，但在本次实验中采用二甲基桠枫提取得到的虾青素含量最低，证明其实际提取能力弱于丙酮和氯仿。

②有机溶剂：各种有机溶剂从雨生红球藻细胞萃取虾青素的原理是溶剂通过细胞壁进入细胞，使得色素溶解在有机溶剂中从而通过扩散作用进入溶液，这是一种固 - 液萃取过程。含有很高的虾青素的藻细胞的细胞壁很厚，在没破壁或破壁不完全的条件下虾青素很难提取出来，因此在提取前必须进行破壁处理，且破壁效果的好坏对于提取虾青素的效果有着直接的影响。

虾青素获得的众多国际性专利

专利号	专利名称
EP1283038	调节时差
EP0786990	使用虾青素减缓中枢神经系统和眼睛的损伤;
EP1217996	使用虾青素治疗自体免疫性疾病、慢性滤过性病毒和细胞内细菌感染
WO0023064	治疗消化不良
US6410602	改善精子质量,提高生育能力
US6335015	乳腺炎的预防性药物
US6475547	在富含免疫球蛋白的牛奶中使用虾青素
US6262316	预防或治疗幽门螺旋杆菌感染的口服药物
US6245818	作为增进肌肉耐受力或治疗肌肉损伤等疾病的药物
US6054491	增进哺乳动物生长和生产产量的添加剂
US5744502	增进禽类饲养和繁殖产量的添加剂
US6433025	减缓或防止紫外线晒伤
US6344214	减轻发热产生肿泡和溃疡疼痛的症状
US6258855	减轻和改善腕管综合征
WO03013556	作为治疗眼睛疾病、保持眼睛功能的药物成分
WO03003848	虾青素双酯提高养殖鱼类的生长
WO02094253	缓解眼睛自控能力偏差
KR2000045197	含有壳聚寡糖和虾青素的健康营养品
WO02058683	抗高血压的类胡萝卜素因子
NZ299641	使用虾青素作为缓解压力的药物
US6277417	通过虾青素抑制 5α - 还原酶的方法
US2003/778304	抑制炎症因子和趋化因子的表达的方法
JP10276721	含有虾青素的食物或饮料

附录 2

中国卫生部针对雨生红球藻（虾青素）新资源食品的批准

关于批准雨生红球藻等新资源食品的公告
（中华人民共和国卫生部第 17 号公告）

根据《中华人民共和国食品安全法》和《新资源食品管理办法》的规定，现批准雨生红球藻、表没食子儿茶素没食子酸酯为新资源食品，允许水苏糖作为普通食品生产经营。将费氏丙酸杆菌射氏亚种列入我部于 2010 年 4 月印发的《可用于食品的菌种名单》（卫办监督发〔2010〕65 号）。以上食品的生产经营应当符合有关法律、法规、标准规定。

特此公告。

附件：雨生红球藻等两种新资源食品目录．doc

二〇一〇年十月二十九日

雨生红球藻

中文名称	雨生红球藻	
拉丁名称	haematococcu3 pluvialis	
基本信息	种属：绿藻门、团藻目、红球藻属	
生产工艺简述	选育优良雨生红球藻藻种进行人工养殖，采收雨生红球藻孢子，经破壁、干燥等工艺制成。	
食用量	≤0.8 克/天	
质量要求	性状	红色或深红色粉末
	蛋白质含量	≥15%
	总虾青素含量（以全反式虾青素计）	≥1.5%
	全反式虾青素含量	≥0.8%
	水分	≤10%
	灰分	≤15%
其他需要说明的情况	使用范围不包括婴幼儿食品。	

　　关于天然虾青素类产品，雨生红球藻为产品的原料名称，虾青素为功效成分的名称，因此在中国卫生部此批准文件的指导下，相关虾青素类产品，在商品化的推广应用中，产品名称应该以"雨生红球藻"为主体来命名，在产品的营养成分及功效成分含量表中，应该明确标注雨生红球藻或虾青素的含量，同时针对单个商品也应该进行特膳食品的备案或保健食品的报批。

参考文献

[1] 孟春晓，高政权，王依涛，罗韬，叶乃好. 雨生红球藻中虾青素提取方法研究现状 [J]. 水产科学. 2010 年 12 期

[2] 叶勇，应巧兰. 用气升式光生物反应器大量培养雨生红球藻 797 株的初步研究 [J]. 饲料工业. 2003 年 05 期

[3] 刘伟，刘建国，林伟，王增福，李颖逾，史朋家，薛彦斌，崔效杰. 雨生红球藻规模化培养工艺的构建与应用 [J]. 饲料工业. 2006 年 12 期

[4] 孙乃霞，赵学明. 红法夫酵母发酵生产虾青素的研究进展 [J]. 化学工业与工程. 2007 年 04 期

[5] 刘宏超，杨丹. 从虾壳中提取虾青素工艺及其生物活性应用研究进展 [J]. 化学试剂. 2009 年 02 期

[6] 沈渊，蔡明刚，黄水英，石荣贵，李哲，陆晓霞. 利用光生物反应器培养雨生红球藻的研究初探 [J]. 海洋科学. 2010 年 10 期

[7] 魏东，臧晓南. 大规模培养雨生红球藻生产天然虾青素的研究进展和产业化现状 [J]. 中国海洋药物. 2001 年 05 期

[8] 万庆家，饶高雄，史晓晨，鸭乔，龙祥. 超高压一步法萃取雨生红球藻孢子中虾青素工艺研究 [J]. 辽宁中医药大学学报. 2010 年 11 期

[9] 胡荣锁，杨劲松，杨瑞，徐飞，徐绍成，李开绵，叶剑秋，虾青素果汁饮料的研究 [J]. 安徽农业科学. 2010 年 02 期

[10] 柳敏海，蒋霞敏. 雨生红球藻诱变株 1 号大量培养试验 [J]. 水产科学. 2005 年 11 期

[11] 崔宝霞，钟方旭. 植物生长调节剂对雨生红球藻细胞增殖及虾青素积累的影响 [J]. 水产科学. 2008 年 09 期

［12］许友卿，丁兆坤. 使水产动物调节合成所需的虾青素［J］. 水产科学. 2008 年 09 期

［13］王丽丽，李惠咏，龚一富. 花生四烯酸对雨生红球藻细胞生长和虾青素含量的影响［J］. 水产科学. 2010 年 03 期

［14］齐继成. 虾青素的开发应用［N］. 中国医药报. 2002 年

［15］李宓. 龙虾煮后变红的量子理论［N］. 人民日报. 2005 年

［16］中国 WTO/TBT－SPS 中心供稿. 美国修改色素添加剂法规［N］. 中国国门时报. 2010 年

［17］梁新乐. 法夫酵母生物合成虾青素的研究［D］. 浙江大学. 2001 年

［18］金超. 转基因法夫酵母高产 3S，3′S 虾青素的研究［D］. 天津大学. 2011 年

［19］倪辉. 法夫酵母虾青素发酵条件的优化及提取与分析研究［D］. 浙江大学. 2005 年

［20］滕长英. 雨生红球藻控制虾青素合成的关键酶基因的转录调控元件［D］. 中国科学院研究生院（海洋研究所）. 2003 年

［21］张晓丽. 雨生红球藻抗氧化作用及藻粉质量安全性研究［D］. 中国科学院研究生院（海洋研究所）. 2006 年

［22］巩继贤. 飞秒激光显微操作进行单细胞水平的虾青素生物合成研究［D］. 天津大学. 2007 年